嵌入式系统设计与开发教程

潘可贤　高丽贞　主　编
陈俊秀　刘玉玲　副主编

電子工業出版社
Publishing House of Electronics Industry
北京·BEIJING

内 容 简 介

本书以智能家居系统的实现为主线，介绍了基于 ARM 处理器和 Linux 操作系统的嵌入式系统开发技术。

本书的主要内容包括嵌入式系统概述及智能家居系统设计项目分析，建立开发环境，Linux 系统程序设计基础，Qt 应用程序开发，基于嵌入式 Linux 系统的驱动程序设计，嵌入式数据库，嵌入式系统的移植等。

本书案例丰富，叙述清晰，深入浅出，章节内容安排符合学生的认知规律，与实践应用结合紧密，同时配有知识点视频，扫描书中二维码即可观看，教案、程序源代码等资料可登录华信教育资源网免费下载。本书可作为高等院校电子、通信和计算机等专业嵌入式系统课程的教材，也可作为嵌入式开发爱好者的学习参考书。

图书在版编目（CIP）数据

嵌入式系统设计与开发教程 / 潘可贤，高丽贞主编.
北京 : 电子工业出版社，2024. 12. -- ISBN 978-7-121-49073-6

Ⅰ. TP332.021

中国国家版本馆 CIP 数据核字第 2024MF0413 号

责任编辑：杜　军
印　　刷：天津画中画印刷有限公司
装　　订：天津画中画印刷有限公司
出版发行：电子工业出版社
　　　　　北京市海淀区万寿路 173 信箱　　邮编：100036
开　　本：787×1092　1/16　印张：13.75　字数：352 千字
版　　次：2024 年 12 月第 1 版
印　　次：2024 年 12 月第 1 次印刷
定　　价：48.00 元

凡所购买电子工业出版社图书有缺损问题，请向购买书店调换。若书店售缺，请与本社发行部联系，联系及邮购电话：（010）88254888，88258888。

质量投诉请发邮件至 zlts@phei.com.cn，盗版侵权举报请发邮件至 dbqq@phei.com.cn。

本书咨询联系方式：dujun@phei.com.cn。

前言

党的二十大报告指出：教育、科技、人才是全面建设社会主义现代化国家的基础性、战略性支撑。必须坚持科技是第一生产力、人才是第一资源、创新是第一动力，深入实施科教兴国战略、人才强国战略、创新驱动发展战略，开辟发展新领域新赛道，不断塑造发展新动能新优势。

随着信息化技术的发展和数字化产品的普及，融合了电子、通信、计算机、物联网等多种技术的嵌入式系统是当前研究和应用的热点，在通信、网络、工控、医疗、电子等多个领域，嵌入式系统发挥着越来越重要的作用。

“嵌入式系统设计”是电子信息工程类专业的必修课，综合性和实践性强，应用范围广，知识点多。本书基于以Exynos4412为主控芯片的硬件开发板及Linux操作系统开发环境，采用项目化和任务式的形式组织内容。全书以典型的嵌入式系统项目——智能家居系统的设计和实现为主线组织各个知识点，同时，每个知识点以任务的形式进行合理安排。

本书先对智能家居系统的软硬件设计进行简要介绍，然后按照系统平台的搭建，嵌入式 Linux 系统的应用开发，文件数据存储、多线程应用，以及与智能家居系统相关的硬件驱动程序的开发、操作系统移植、文件系统移植等内容进行任务细分。每个任务以实现智能家居系统的相应功能为目标，划分为若干小任务，使得读者能够逐步掌握基础的知识点，并且能够实现项目的具体功能。

本书提供丰富的配套资源，包括教学大纲、教学课件、程序源代码、教学进度表等，结合丰富的项目案例程序，使得读者能够更快、更好地掌握嵌入式系统开发的主要知识点。

本书第1章由潘可贤、刘玉玲、陈晓冰编写，第2章由潘可贤编写，第3、4章由高丽贞、潘可贤编写，第5章由潘可贤编写，第6章由陈俊秀编写，第7章由潘可贤编写，陈晓冰指导项目设计，全部的教材编写工作由潘可贤主持。在教材的整理和定稿过程中，得到了王加贤教授和贾继德教授的帮助和支持，在此表示衷心的感谢。本书在编写过程中参考了参考文献所列著作的有关内容及网上相关资料，在此向相关论著作者一并表示衷心的感谢。

读者如需获取本书的配套资源，可通过邮箱55037984@qq.com联系编者。

由于编者水平有限，书中必然还存在缺点和错误，殷切期望使用本教材的师生和其他读者给予批评和指正。

编者

2024年5月

目录

第1章 嵌入式系统概述及智能家居系统设计项目分析

1.1 本章目标

思政目标

通过学习嵌入式系统的基本概念和结构，读者应对嵌入式系统有初步的认识，能够辨别实际工程应用和日常生活中的嵌入式系统，体会嵌入式技术发展与社会进步的关系。同时，读者应了解未来嵌入式技术的发展与创新，以及与多学科的交叉融合，认识到需要努力学习知识和技能，努力承担突破科学技术瓶颈的责任，将个人发展与国家进步紧密联系起来，积极投身实现中华民族伟大复兴中国梦的生动实践。

学习目标

通过本章的学习，读者应了解嵌入式系统的定义、特点和结构，以及有哪些常用的嵌入式处理器和操作系统可用于系统方案的选型。同时掌握智能家居系统设计项目的硬件电路和软件结构，为后续章节的学习打下基础。

1.2 嵌入式系统概述

1.2.1 嵌入式系统的定义和特点

电气与电子工程师协会（Institute of Electrical & Electronic Engineers，IEEE）将嵌入式系统（Embedded System）定义为“用于控制、监视或者辅助操作机器和设备的装置”

（Devices used to control, monitor, or assist the operation of equipment, machinery or plants）。

目前国内对嵌入式系统的普遍定义为：以应用为中心，以计算机技术为基础，软硬件可裁剪，并且适用于对功能、可靠性、成本、体积、功耗有严格要求的应用系统的专用计算机系统。

计算机系统按照被控对象的需要，被组装成各种形式嵌入具体的应用体系中，来进行某种智能化控制，因而失去了通用计算机的形态，以达到某种专用的目的。这些应用从常见的手机、MP3、智能手环、机顶盒、高清电视机、游戏机、智能玩具，到复杂的机器人、医疗仪器、轮船、航空航天设备等，涵盖了工业控制、通信、网络、消费电子、汽车电子、军工等各个领域和行业。

从广义上来说，凡是带有微处理器的专用软硬件系统都可以称为嵌入式系统，如 8 位微控制器组成的控制系统。这些系统在完成较为单一的功能时具有简洁、迅速的特点，但是由于微控制器的运算速度和内存容量较低，一般不附带操作系统，因此管理系统硬件和软件的能力有限，特别是在管理复杂的多任务系统时，往往“力不从心”。从狭义上来说，嵌入式系统一般具有 32 位以上的嵌入式微处理器、外围硬件设备、嵌入式操作系统及用户的应用程序四个部分，用于实现对其他设备的控制、监视或管理等功能。

嵌入式系统与通用计算机系统的本质区别在于应用场景不同。通用计算机系统主要用于信息处理和数值计算。而嵌入式系统将计算机嵌入应用对象中，主要应用于控制领域，其产品种类多、应用领域广、形式多样，不同的应用场景有不同的应用需求。

嵌入式系统与通用计算机系统相比，具有以下特点：

（1）嵌入式系统面向特定应用。嵌入式系统的硬件和软件都要为特定的应用设计，一般包含各种外部设备接口，专用性强。

（2）嵌入式系统是各学科结合的产物。嵌入式系统开发涉及计算机技术、微电子技术、电子信息技术、通信技术等。

（3）嵌入式系统的硬件、软件可剪裁。不同的嵌入式系统所使用的芯片多种多样，所使用的操作系统也有很多种，操作界面各有不同。但从其成本、开发效率等方面考虑，将嵌入式系统的硬件和软件设计成可剪裁的，开发人员可根据实际应用需求去除冗余，使得系统在满足需求的情况下达到最精简的配置。

（4）嵌入式系统对可靠性、实时性、功耗等有严格的要求。

由于嵌入式系统往往与控制对象紧密结合，其维修相对困难，因此，开发人员和用户都希望系统可以长时间不出错地连续工作，或者即使出错后也具有自我恢复的能力。这对系统的可靠性提出了极高的要求。

嵌入式系统在生产控制、数据采集等领域有广泛的应用，某些嵌入式系统对实时性有极高的要求，如汽车刹车系统、高速数据采集系统、导航系统等。有的嵌入式系统对实时性的要求虽然不是很高，如手机、高清电视机、游戏机、智能玩具等，但是仍需要具备一定的实时性以满足用户需求。总体而言，实时性是对嵌入式系统的普遍要求，是设计者和用户重点考虑的一个重要指标。为了提高实时性，嵌入式系统极少采用存取速度慢的磁盘作为存储设备；在软件上则利用不同的算法提高运算速度，如减少浮点数的乘除法运算，改为查表法；为了减少启动时间，改变硬件启动顺序，让耗时的程序稍后运行；等等。

便携式的嵌入式产品对功耗的要求极高，以手机为例，手机一般采用体积较小的电池供电，只有降低其功耗，才能使其工作的时间足够长。降低功耗的方法有很多种，如采用低功耗芯片、降低工作电压、系统资源最小化、系统待机时停止某些硬件的工作等。

嵌入式系统与通用计算机系统相比具有明显差异，通过表 1-1 中两者的对比可进一步理解嵌入式系统的特点。

表 1-1　嵌入式系统与通用计算机系统的异同

比较项目	嵌入式系统	通用计算机系统
CPU（中央处理器）	嵌入式处理器（ARM 处理器、MIPS 处理器等），可选芯片多样，应用领域广泛	Intel 处理器、AMD 处理器等
内存	微控制器内部或者 SDRAM（同步动态随机存储器）	SDRAM 或者 DDR SDRAM（双倍速率同步动态随机存储器）
存储设备	NAND flash（与非型闪存）、eMMC（嵌入式多媒体卡）等	硬盘
输入设备	触摸屏、按键	键盘、鼠标
输出设备	LCD（液晶显示器）、荧光数码管	LCD
接口	根据具体应用而定	标准接口，如 USB（通用串行总线）接口等
引导程序	BootLoader 引导，针对不同的电路进行移植	主板上的 BIOS（基本输入输出系统）
操作系统	Linux 操作系统、μC/OS 操作系统等，需要移植	Window 操作系统、Linux 操作系统等，不需要移植
驱动程序	根据具体电路进行移植或自行开发	系统自带或者直接下载安装
开发与运行平台	采用交叉开发方式，开发平台一般是通用计算机系统，运行平台是嵌入式系统	开发平台和运行平台都是通用计算机系统

1.2.2　嵌入式系统的结构

嵌入式系统的结构与通用计算机系统类似，主要由硬件系统与软件系统组成：硬件系统是整个嵌入式系统的物理基础，提供了软件运行的平台和通信接口；软件系统用于控制嵌入式系统的运行。此外，由于嵌入式系统的特殊开发方式，还需配置特殊的开发环境，完成软件的编译、下载与调试。嵌入式系统的总体结构图如图 1-1 所示。

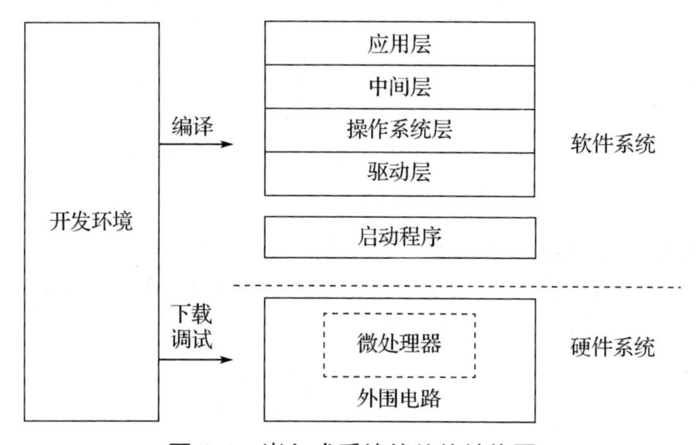

图 1-1　嵌入式系统的总体结构图

1. 硬件系统

嵌入式系统中的硬件系统由微处理器、存储器、外部设备等部分组成。微处理器是硬件系统的核心部件，一般与电源、时钟、复位电路、内存及大容量存储介质组成最小系统。在嵌入式系统中，通常不使用磁盘这类速度较慢的大容量存储介质，常使用 SDRAM 作为内存，使用闪存（Flash Memory）、eMMC 等作为大容量存储介质。

外部设备是指通过接口电路才能与微处理器进行通信的设备，它是嵌入式系统与真实环境交互的接口。输入设备一般采用触摸屏、按键等，输出设备采用 LCD 或者荧光数码管。此外，在嵌入式系统中，一般包含用于测控方面的模数（A/D）或数模（D/A）转换模块，同时根据不同的应用场景和应用规模集成 USB 接口、SD 卡接口、内部集成电路（IIC）接口、串行外设接口（SPI）、串行接口（串口）、网络接口、控制器局域网（CAN）总线接口、摄像头接口等，用来连接不同的外部设备，这在通用计算机中用得很少。另外，为了对嵌入式处理器内部电路进行测试，处理器芯片普遍采用边界扫描测试技术（JTAG）。嵌入式系统的硬件结构如图 1-2 所示。

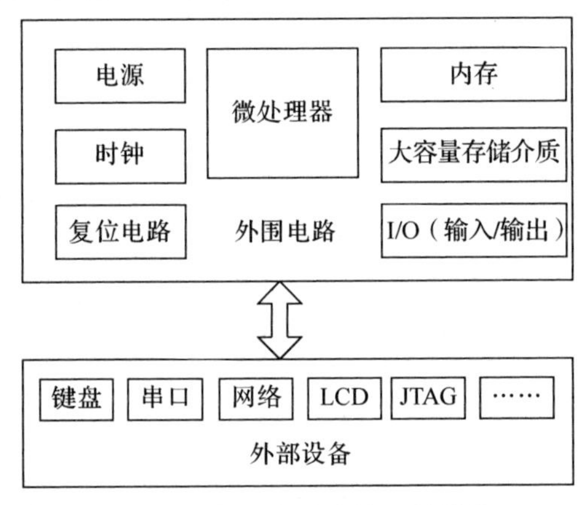

图 1-2　嵌入式系统的硬件结构

2. 软件系统

嵌入式系统中的软件系统是面向嵌入式系统特定的硬件体系和用户要求设计的，是嵌入式系统的重要组成部分，是实现嵌入式系统功能的关键。

1）启动程序

启动程序是软件系统中相对独立的一个部分，但它又是不可缺少的。作为操作系统启动前的一段引导程序，启动程序主要用于对软硬件进行相应的初始化设定，为最终运行操作系统准备好环境，相当于通用计算机系统中的 BIOS。

2）驱动层

驱动层是软件系统中直接与硬件系统进行信息交换的一层，它为操作系统和应用提供硬件驱动或底层核心支持。对于上层的操作系统，驱动层提供了操作和控制硬件的方法和规则；对于底层硬件，驱动层主要负责相关硬件设备的驱动等。驱动层将系统上层软件与底层硬件分离开来，使系统的底层驱动程序与硬件无关，上层软件开发人员无须关心底层硬件的具体情况，根据驱动层提供的接口即可进行开发。

在嵌入式系统中，启动程序和驱动程序有时也称为板级支持包（BSP）。BSP 具有在嵌入式系统上电后初始化系统基本硬件环境的功能，基本硬件包括微处理器、存储器、中断控制器、定时器等。

3）操作系统层

软件系统中的操作系统层具有一般操作系统的核心功能，负责嵌入式系统的全部软硬件资源的分配、时钟管理、调度工作控制、并发活动协调。主流的嵌入式操作系统有 Linux、μC/OS-III、Windows CE、PalmOS、VxWorks、QNX、LynxOS 等。有了嵌入式操作系统，应用程序编写将更加快速、高效、稳定。

4）中间层

中间件是用于帮助和支持应用软件开发的软件，位于软件系统的中间层，通常包括数据库、网络协议、图形支持及相应开发工具等，如 SQLite3、TCP/IP、GUI 等都属于这一类软件。

5）应用层

软件系统中的应用层包括嵌入式应用软件。嵌入式应用软件是针对特定应用领域，用来实现用户预期目标的软件。嵌入式应用软件和普通应用软件有一定的区别，嵌入式应用软件不仅要求软件在准确性、安全性和稳定性等方面能够满足实际应用的需要，还要求尽可能地对软件进行优化，以减少对系统资源的消耗，降低硬件成本。嵌入式系统中的应用软件是最活跃的力量，每种应用软件均有特定的应用背景。常用的开发应用软件的平台有 Android、Qt、MiniGUI 等。

1.2.3 嵌入式处理器

嵌入式处理器是嵌入式系统的核心，一般嵌入式处理器具有功耗低、外部设备接口丰富、支持实时多任务等特点。

按照嵌入式处理器的字长进行分类，可以分为 4 位、8 位、16 位、32 位和 64 位的嵌入式处理器，而按照组织结构和功能等进行分类，嵌入式处理器又可以分为微控制器、嵌入式微处理器和数字信号处理器（Digital Signal Processor，DSP）等。

微控制器又称为单片机，芯片内部集成了 CPU、ROM（只读存储器）、RAM（随机存储器）、闪存、定时器/计数器、I/O（输入/输出）接口、串口、A/D、D/A、PWM（脉宽调制输出）等功能和接口。

嵌入式微处理器由通用计算机中的 CPU 演变而来，是 32 位及以上的处理器，具有较高的性能，RAM、闪存等其他外部设备由专门的芯片提供。嵌入式微处理器有各种不同的体系，即使在同一体系中也可能具有不同的时钟频率和数据总线宽度，或集成了不同的外部设备和接口。据不完全统计，全世界嵌入式微处理器已经超过 1000 多种，体系结构有 30 多个系列，其中主流的处理器有 ARM 处理器、MIPS 处理器、PowerPC 处理器等。

数字信号处理器是专门用于信号处理方面的处理器，如对声音、影像等进行变换以获取有用的信息。它在系统结构和指令算法方面具有特殊设计，编译效率较高，指令执行的速度较快，在数字滤波、快速傅里叶变换、谱分析等各种分析方法中获得了大规模的应用。

以下是部分具有代表性的嵌入式处理器产品。

1. Intel公司的8051系列微控制器

8051系列微控制器是一种8位的单芯片微控制器，属于MCS-51单芯片微控制器，由Intel（英特尔）公司于1981年推出。Intel公司将MCS-51微控制器的核心技术授权给了其他公司，所以很多公司在设计以8051系列为核心的微控制器，相继开发了功能更多、更强大的兼容产品。

MCS-51微控制器为冯·诺依曼结构，主要应用于家用电器等经济型微控制器产品。

MCS-51微控制器将CPU、RAM、ROM、I/O接口和中断系统集成于同一硅片上，具有4个8位的I/O接口，每个接口具有不完全相同的功能。

2. Freescale公司的08系列微控制器

Freescale（飞思卡尔）公司的08系列微控制器主要有HC08、HCS08和RS08三种类型。HC08是1999年开始推出的产品，种类也比较多。HCS08是2004年左右推出的8位微控制器，资源丰富，功耗低，性价比很高。HC08与HCS08的最大区别是调试方法的不同与最高频率的变化。RS08是HCS08架构的简化版本，于2006年推出，其内核体积比传统的内核小30%，带有精简指令集（RISC），满足用户对体积更小、更加经济高效的解决方案的需求。08系列微控制器根据RAM及闪存空间大小差异、封装形式不同、温度范围不同、频率不同、I/O资源差异等分为100多种不同型号，为嵌入式应用产品的开发提供了丰富的选型。其代表产品有MC908GP32、MC9S08GB60、MC9RS08KA2等。

3. ARM公司的ARM系列微控制器

ARM（Advanced RISC Machines）公司成立于1991年，它既不生产芯片也不销售芯片，只提供芯片技术授权。各个半导体公司从ARM公司购买知识产权（IP）核后按照各自的需求，添加适当的外围电路，生产出自己的微处理器芯片。

ARM系列微控制器具有32位精简指令集处理器架构，同时支持Thumb（16位）/ARM（32位）双指令集，能很好地兼容8位/16位器件；寻址方式灵活简单，指令长度固定，执行效率高，功耗低，成本低。其具有丰富的产品系列，如ARM7、ARM9、ARM9E、ARM10E、SecurCore、Xscale、StrongARM、ARM11等，以及ARM11以后的Cortex系列。Cortex系列还分成A、R和M三类，旨在为各种不同的市场提供服务。

4. TI公司的TMS320系列数字信号处理器

TI（德州仪器）公司是全球领先的半导体公司，主要设计和制造数字信号处理器和微控制器。

TI公司的数字信号处理器产品主要包括TMS320C2000、TMS320C5000、TMS320C6000等系列。TMS320C2000系列数字信号处理器芯片价格低，具有较高的性能和适用于控制领域的功能，广泛地应用于工业自动化、电机控制、运动控制、电力电子、家用电器等领域。TMS320C5000系列是低功耗、高性能的16位定点数字信号处理器，速度为40～200MIPS（百万条指令每秒），主要应用于有线和无线通信、便携式信息系统、助听器等。TMS320C6000系列数字信号处理器指令周期最小为3.3ns，运算速度为2400MIPS，可广泛地应用于通信领域，主要应用于数字移动通信、个人通信系统、掌上电脑、数字无线通信、无线数据通信、便携式因特网音频处理器等。

1.2.4 嵌入式操作系统

嵌入式操作系统（Embedded Operating System，EOS）是指用于嵌入式系统的操作系统。嵌入式操作系统是一种用途广泛的系统软件，通常包括与硬件相关的底层驱动软件、系统内核、设备驱动接口、通信协议、图形界面、标准化浏览器等。嵌入式操作系统负责嵌入式系统的全部软硬件资源的分配，任务调度，控制、协调并发活动。它必须体现其所在系统的特征，能够通过装卸某些模块来实现系统所要求的功能。目前在嵌入式领域广泛使用的操作系统有嵌入式实时操作系统 μC/OS-II、嵌入式 Linux 操作系统、Windows CE 操作系统、VxWorks 操作系统、FreeRTOS 操作系统等。

1．嵌入式实时操作系统 μC/OS-II

μC/OS-II 操作系统具有可移植、可固化、可裁剪的占先式多任务实时系统内核，仅包含任务调度、任务管理、时间管理、内存管理及任务间的通信和同步等基本功能，没有提供输入输出管理、文件系统管理、网络管理等额外的功能。但由于 μC/OS-II 操作系统良好的可扩展性和开放的源代码，这些非必需的功能可以由用户自己实现。它适用于多种微处理器、微控制器和数字处理芯片（已经移植到超过 100 种微处理器中）。μC/OS-II 操作系统源代码开放、整洁，注释详尽，适合系统开发。

μC/OS-II 操作系统可以大致分为核心部分、任务处理部分、时间处理部分、任务同步与通信部分、针对 CPU 的移植部分等五个部分。

1）核心部分

μC/OS-II 操作系统的核心部分包括操作系统初始化、操作系统运行、中断进出的前导、时钟节拍、任务调度、事件处理等多个部分。能够维持系统基本工作的部分都在这里。

2）任务处理部分

任务处理部分的内容都是与任务的操作密切相关的，包括任务的建立、删除、挂起、恢复等。因为 μC/OS-II 操作系统是以任务为基本单位进行调度的，所以这部分内容也相当重要。

3）时间处理部分

μC/OS-II 操作系统中的最小时钟单位是时钟节拍（TimeTick），任务延时等操作是在时间处理部分完成的。

4）任务同步与通信部分

任务同步与通信部分属于事件处理部分，包括信号量、邮箱、邮箱队列、事件标志等，主要用于任务间的互相联系和对临界资源的访问。

5）针对 CPU 的移植部分

由于 μC/OS-II 是通用的操作系统，所以针对具体问题，还需要根据 CPU 的具体内容和要求做相应的移植。这部分内容牵涉到 SP（堆栈指针）等系统指针，所以通常用汇编语言编写，主要包括中断级任务切换的底层实现、任务级任务切换的底层实现、时钟节拍的产生和处理、中断的相关处理等内容。

2. 嵌入式 Linux 操作系统

嵌入式 Linux 操作系统是将 Linux 操作系统进行裁剪修改，使之能在嵌入式计算机系统上运行的一种操作系统。嵌入式 Linux 操作系统的应用领域非常广泛，主要有信息家电、掌上电脑、机顶盒、手机、数据网络、交换机、路由器、自动取款机、远程通信、医疗电子、交通运输计算机外部设备、工业控制、航空航天等领域。

嵌入式 Linux 操作系统的优势表现在：首先，嵌入式 Linux 操作系统是开放源代码的，不存在黑箱技术，遍布全球的众多嵌入式 Linux 操作系统爱好者为嵌入式 Linux 操作系统开发提供了强大支持；其次，嵌入式 Linux 操作系统的内核小、效率高，内核的更新速度很快，嵌入式 Linux 操作系统是可以定制的，其系统内核最小只有约 134KB；再次，嵌入式 Linux 操作系统是免费的操作系统，在价格上极具竞争力；最后，嵌入式 Linux 操作系统内核的结构在网络方面是非常完整的，对网络中最常用的 TCP/IP（传输控制协议/网络协议）有最完备的支持，提供了十兆、百兆、千兆的以太网，无线网络，令牌环网，光纤甚至卫星的支持。所以嵌入式 Linux 操作系统很适合进行信息家电的开发。

嵌入式 Linux 操作系统还有很多变体，如 RT-Linux 操作系统通过改造内核成为实时的嵌入式 Linux 操作系统，RTAI、Kurt-Linux 操作系统和 PK-Linux 操作系统也具备实时处理能力，以及 μCLinux 操作系统去掉了嵌入式 Linux 操作系统的 MMU（内存管理单元），能够支持没有 MMU 的处理器等。

3. Windows CE 操作系统

Windows CE 操作系统是开放的、可升级的 32 位通用型嵌入式操作系统，是基于掌上电脑类电子设备的操作系统。Windows CE 操作系统不仅继承了传统的 Windows 操作系统图形界面，并且在 Windows CE 操作系统平台上可以使用 Windows 95/98 操作系统的编程工具、函数、界面风格，绝大多数的应用软件只需简单的修改和移植就可以在 Windows CE 操作系统平台上继续使用。Windows CE 操作系统并非专为单一产品设计的，采用 Windows CE 操作系统的产品大致分为三类：Pocket PC（掌上电脑）、Handheld PC（手持设备）及 Auto PC（车载平板电脑）。

4. VxWorks 操作系统

VxWorks 操作系统是美国风河公司推出的一种实时操作系统。良好的持续发展能力、高性能的内核及友好的用户开发环境使其在嵌入式实时操作系统领域占据一席之地。它以其良好的可靠性和实时性被广泛地应用在通信、军事、航空、航天等高精尖技术领域，以及对实时性要求极高的领域中，如卫星通信、军事演习、导弹制导、飞机导航等。

VxWorks 操作系统由内核、I/O 系统、文件系统、网络支持四部分组成。

（1）内核提供多任务调度、任务间的同步、进程间通信、中断处理、定时器和内存管理机制。

（2）VxWorks 操作系统的 I/O 系统是与 ANSI C 兼容的 I/O 系统，包括 UNIX 标准的 Basic（基础）I/O（creat()，remove()，open()，close()，read()，write()，ioctl()）、Buffer（缓存）I/O(fopen()，fclose()，fread()，fwrite()，getc()，putc())，以及 POSIX 标准的异步 I/O。VxWorks 操作系统包括以下驱动程序：网络驱动、管道驱动、RAM 驱动、SCSI（小

型计算机系统接口）驱动、键盘驱动、显示驱动、磁盘驱动、并口驱动等 。

（3）VxWorks 操作系统支持四种文件系统：dosfs、rt11fs、rawfs 和 tapefs，支持在一个单独的 VxWorks 系统上同时存在几个不同的文件系统。

（4）网络支持提供了对其他 VxWorks 操作系统和 TCP/IP 网络系统的“透明”访问，包括与 BSD 套接字兼容的编程接口，RPC（远程过程调用），SNMP（可选项），远程文件访问，包括客户端和服务端的 NFS（网络文件系统）机制及使用 RSH（远程外壳）、FTP（文件传输协议）或 TFTP（简单文件传输协议）的非 NFS 机制，以及 BOOTP（引导协议）和代理 ARP（地址解析协议）、DHCP（动态主机配置协议）、DNS（域名系统）、OSPF（开放的最短路径优先协议）、RIP（路由信息协议），所有的 VxWorks 网络机制都遵循标准的因特网协议。

5. FreeRTOS 操作系统

FreeRTOS 操作系统是一种小型的实时操作系统内核。作为一个轻量级的操作系统，FreeRTOS 操作系统提供的内容包括任务管理、时间管理、信号量、消息队列、内存管理、记录功能等，可基本满足用户对较小系统的需要。FreeRTOS 操作系统内核支持优先级调度算法，每个任务可根据重要程度的不同被赋予一定的优先级，CPU 总是让处于就绪态的、优先级最高的任务先运行。FreeRTOS 操作系统内核同时支持轮换调度算法，系统允许不同的任务使用相同的优先级，在没有更高优先级任务就绪的情况下，同一优先级的任务共享 CPU 的使用时间。

FreeRTOS 操作系统的内核可根据用户需要设置为可剥夺型内核或不可剥夺型内核。当 FreeRTOS 操作系统的内核被设置为可剥夺型内核时，处于就绪态的高优先级任务能剥夺低优先级任务的 CPU 使用权，这样可保证系统满足实时性的要求；当 FreeRTOS 操作系统的内核被设置为不可剥夺型内核时，处于就绪态的高优先级任务只有等当前运行任务主动释放 CPU 的使用权后才能开始运行，这样可提高 CPU 的运行效率。

1.3 智能家居系统设计项目分析

本书采用项目驱动的形式组织内容，以智能家居系统设计项目为线索，带领读者逐步掌握基于 Linux 操作系统的嵌入式系统开发的知识点，使读者在完成整个项目的设计和调试后，能够掌握基于 Linux 操作系统的软件开发环境配置、用户程序设计、底层驱动设计等关键技术。

智能家居系统的框架图如图 1-3 所示，系统以 Exynos4412 四核微处理器为核心，外接温度传感器、继电器、步进电机、PWM 控制器、LED（发光二极管）等硬件；采用嵌入式 Linux 操作系统，使用 Qt 应用程序开发框架设计图形用户界面，使用嵌入式数据库 SQLite 存储记录数据，通过无线网络与手机互传数据。系统能够实现对温度数据的采集，以及对灯光（LED）、门铃（蜂鸣器）、窗帘、门锁等硬件的控制。

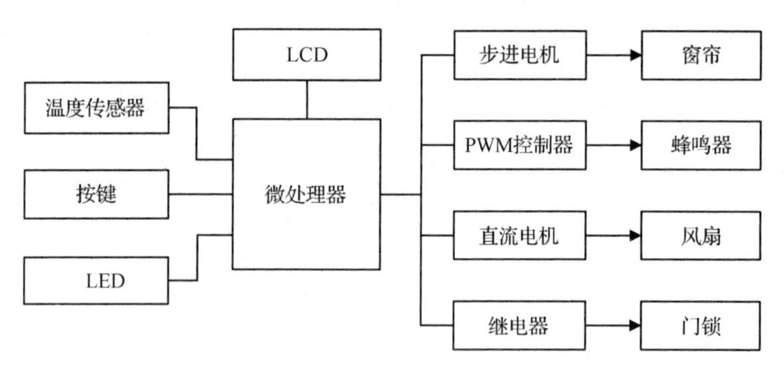

图 1-3 智能家居系统的框架图

1.3.1 智能家居系统的硬件设计

智能家居系统由微处理器、LCD、按键、LED、温度传感器、蜂鸣器、继电器、步进电机等组成，本节对系统设计过程中涉及的部分硬件设备进行介绍。

1. 开发板

智能家居系统设计采用以四核微处理器 Exynos4412 为主控的开发板，开发板资源如表 1-2 所示。

表 1-2 开发板资源表

序 号	名 称	说 明
1	处理器	Exynos4412
2	内存	1GB 运行内存
3	eMMC	8GB
4	4.3 英寸①LCD	分辨率为 320 像素×240 像素
5	按键和 LED	4 个按键+2 个 LED
6	UART（通用异步接收发送设备）	2 个串口，其中 UART2 与计算机串口连接通信
7	摄像头	摄像头型号为 Ov5640
8	USB 接口	2 个 USB Host 接口，1 个 USB 2.0 OTG 接口

2. Exynos4412

Exynos4412 是一款基于 Cortex-A9 处理器的四核 32 位精简指令集微处理器，性价比高、功耗低、性能优化。Exynos4412 带有 2KB 指令和 32KB 数据缓存 MMU；有专用的动态随机存取存储器端口和静态内存端口；提供 LCD 控制器，以及 1 通道的 LCD 专用 DMA（直接存储器访问）控制器；具有 4 通道的 DMA、4 通道的 UART、3 通道的 SPI、1 个多主架构的 IIC，以及 2 通道的 IIS（集成音频接口）；具有 1.0 版的 SD 卡接口、2.11 版的 MMC 接口、2 个 USB Host 接口、1 个 OTG 接口；具有 4 通道的 PWM 定时器，1 通道的内部定时器，1 个“看门狗”定时器；具有 117 个 GPIO（通用输入输出）接口、8 通道 10 位的 ADC（模数转换器）接口，以及带日历功能的 RTC（实时时钟）控制器；具有 PLL（锁相环）的片上时钟发生器；具有正常、慢速、空闲和关闭四种电源模式。

① 1 英寸≈2.54 厘米。

3．蜂鸣器

蜂鸣器的电路原理图如图 1-4 所示，MOTOR_PWM 引脚输入高电平即可使蜂鸣器发出“嘀嘀”的声响，可通过 PWM 控制器控制蜂鸣器的音调，实现门铃音乐的播放。

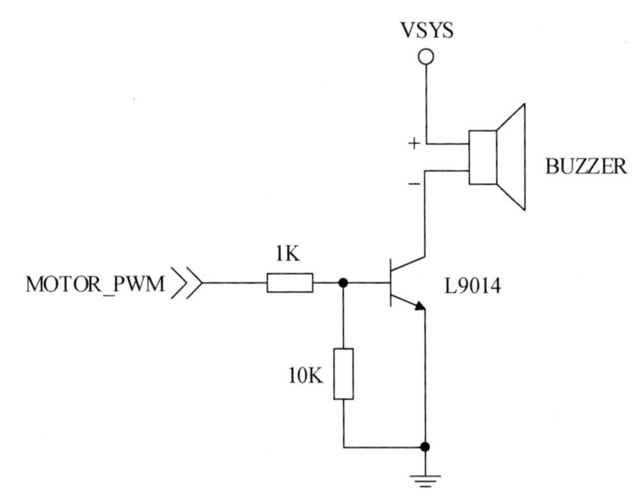

图 1-4　蜂鸣器的电路原理图

4．LED

LED 的电路原理图如图 1-5 所示，当 LED 的控制引脚为高电平时，三极管导通，LED 点亮；当控制引脚为低电平时，三极管截止，LED 熄灭。

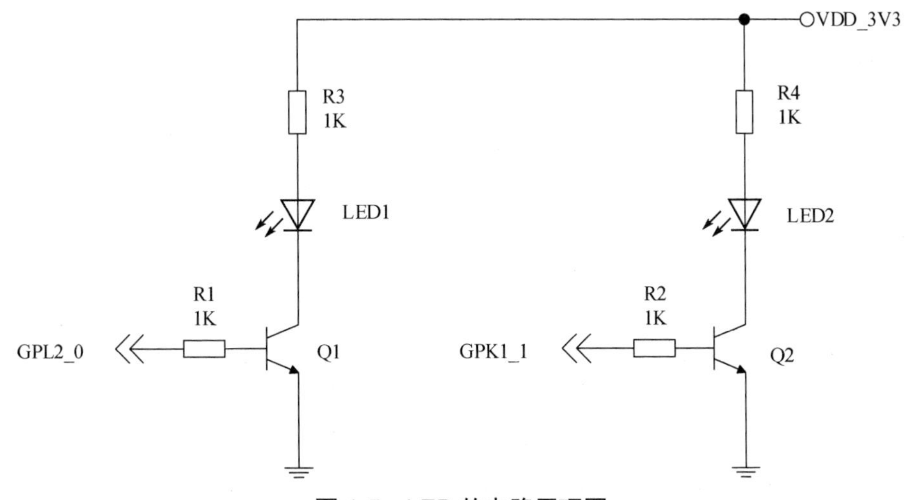

图 1-5　LED 的电路原理图

5．按键

系统共有 5 个独立按键，按键的 GPIO 默认状态为高电平，当按键按下，引脚由高电平变为低电平。按键的电路原理图如图 1-6 所示。

6．步进电机

系统采用的步进电机为 28BYJ48 型四相八拍电机，一共 5 根引线，其中红色引线为公共引脚，橙、黄、粉、蓝四色引线为脉冲输入端，用于控制电机的转动，Exynos4412 的 GPJ0_3～GPJ0_6 引脚经过电压转换和电流驱动电路后分别与之相连。步进电机的电路原理图如图 1-7 所示。

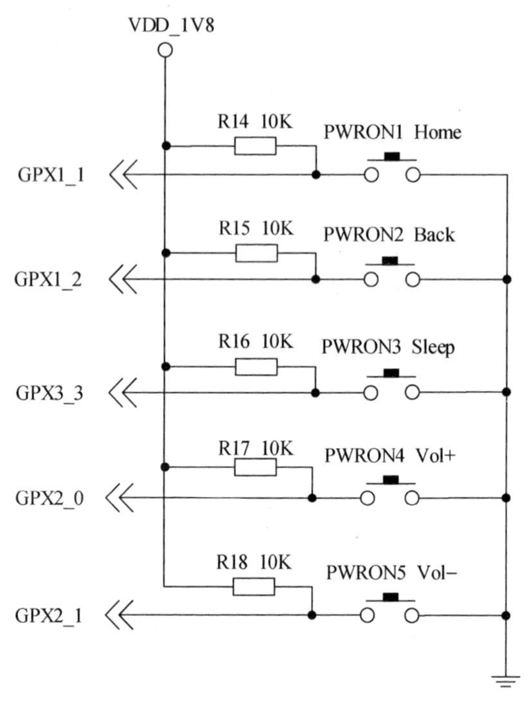

图 1-6 按键的电路原理图

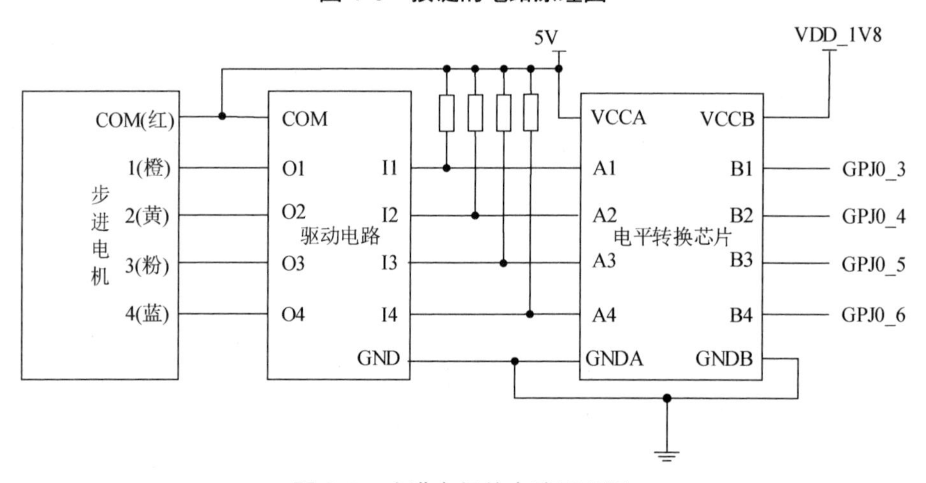

图 1-7 步进电机的电路原理图

7. 温度传感器

温度传感器采用单总线数字传感器 DS18B20，测温范围广，接口简单，引脚共 3 个，除电源引脚和接地引脚外，只需 1 根数据线将 DQ 引脚与控制器连接。但 DS18B20 的工作电压为 3.0～5.5V，而 Exynos4412 的工作电压为 1.8V，因此需要在两者之间加入电平转换电路，如图 1-8 所示，DQ 引脚经过转换电路后，连接到 Exynos4412 的 GPA0_7 引脚。

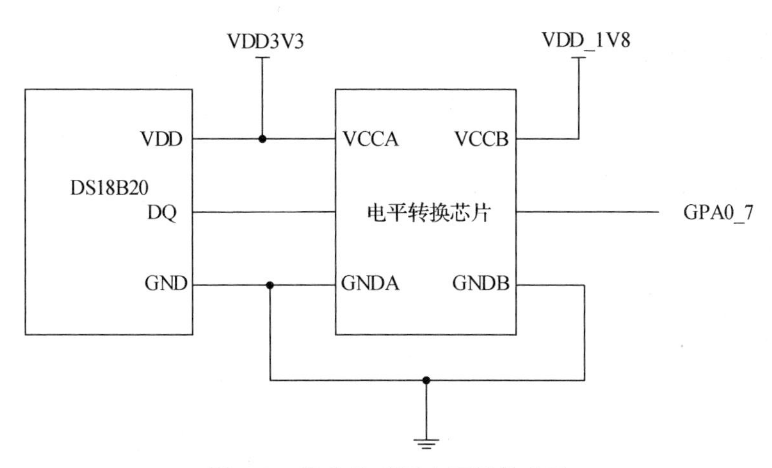

图 1-8 温度传感器电平转换电路

1.3.2 智能家居系统的软件设计

智能家居系统的软件设计主要分为三部分：第一部分为软件平台搭建，第二部分为用户程序设计，第三部分为底层驱动设计。

1. 软件平台搭建

软件平台搭建的主要任务为嵌入式 Linux 系统开发环境的建立、嵌入式系统的移植等。其中嵌入式 Linux 系统开发环境的建立需完成虚拟机的安装、系统烧写工具的配置，掌握 Linux Shell 常用命令、Linux 文本编辑器 Vim、编译工具 GCC、项目工程管理器 Makefile 等的使用方法，嵌入式 Linux 系统开发环境的建立是后期学习的基础，初学者需在前期认真学习并掌握其中的知识。嵌入式系统的移植包括 BootLoader 移植、嵌入式 Linux 系统内核移植、文件系统移植等，该部分内容难度较大，一般由经验丰富的嵌入式开发工程师完成，初学者可在搭建好的环境中进行用户程序设计和底层驱动设计。

2. 用户程序设计

用户程序设计是指针对智能家居系统进行具体设计，使系统能够与系统使用者进行交互，其中涉及 Linux 文件编程、嵌入式数据库编程、多线程编程、嵌入式 Linux 网络编程及图形用户界面编程等知识点。

在 Linux 操作系统中，对文件和设备的访问方法是相同的，因此 Linux 文件编程可实现对文件的读写，以及对底层设备的访问和控制，涉及上层用户对 LED、蜂鸣器、温度传感器等硬件设备的访问和控制。

嵌入式数据库与文件相比可方便地进行增、删、改、查，在嵌入式设备中常用于保存采集的数据，嵌入式数据库编程主要涉及嵌入式数据库的安装和使用等内容。

智能家居系统控制的内容和对象较多，如温度数据的采集和上传、窗帘的控制、门锁的控制等，系统采用多任务协同工作设计，主要通过多线程编程方法实现。

利用 Qt 平台可以在嵌入式设备上设计友好的图形用户界面，本书主要介绍 Qt 的编程基础、QT/Embedded 环境配置等。

3. 底层驱动设计

嵌入式系统为特定的应用服务，当嵌入式系统硬件有所改变时，需要对该硬件的驱动进行修改和移植，主要内容包括嵌入式 Linux 内核模块机制的建立、内核模块的构成和使用、多个字符设备驱动程序的编写和调试等。

1.4 习题

1. 下面哪个系统不属于嵌入式系统（　　）。

A. 小米手机　　B. 蓝牙音箱

C. 数字示波器　　D. 笔记本电脑

2. 下列关于嵌入式 Linux 操作系统的描述，错误的是（　　）。

A. 可以免费使用　　B. 提供了强大的应用程序开发环境

C. 是一种开源的操作系统　　D. 不能移植到 ARM 硬件平台

3. 下面哪点不是嵌入式操作系统的特点（　　）。

A. 内核精简　　B. 专用性强

C. 接口标准　　D. 高实时性

4. 嵌入式系统由硬件系统和软件系统构成，以下（　　）不属于嵌入式系统的软件系统。

A. 应用软件　　B. 驱动

C. 中间层　　D. IDE（集成开发环境）软件

5. 判断题。

（1）所有的电子设备都属于嵌入式设备。（　　）

（2）嵌入式操作系统一般不可裁剪。（　　）

（3）嵌入式 Linux 操作系统属于免费的操作系统。（　　）

（4）移植操作系统时需要修改操作系统中与处理器直接相关的程序。（　　）

（5）嵌入式系统开发需要专门的软件和硬件设备。（　　）

6. 谈一谈嵌入式系统的特点。

第2章 建立开发环境

2.1 本章目标

思政目标

开发环境的建立需要大量的实践操作并应遵守一定的规则和规范。通过本章的学习，读者应明白“实践是检验真理的唯一标准”，并学会遵守规则，加深对规则意识和法治精神的理解。

学习目标

通过本章的学习，读者应掌握如何安装虚拟机软件、挂载镜像文件，以及如何安装一些相关的软件，以便快速上手进行学习。

在嵌入式系统的开发过程中，通常前期在64位Ubuntu操作系统上进行程序的开发，后期需要把程序移植、下载到开发板上。因此，开发平台的创建既包括64位Ubuntu操作系统和相应软件的安装，也包括计算机与开发板之间的通信和程序下载工具的安装。

64位Ubuntu操作系统开发平台的创建步骤通常为：

（1）在Windows操作系统上安装虚拟机；

（2）在虚拟机上安装Ubuntu操作系统；

（3）在Ubuntu操作系统上安装各种软件；

（4）在虚拟机上利用Ubuntu操作系统进行开发。

但是对于初学者而言，进行第2步和第3步存在较大的困难，因此，通常的做法是先完成第1步安装虚拟机，然后在虚拟机上挂载环境已经搭建好的Ubuntu镜像文件，最后直接跳到第4步进行开发。

计算机与开发板之间通信工具的安装主要包括串口通信软件及一些必要驱动的安装。

2.2 安装虚拟机 VMware Workstation

拓展阅读请扫二维码

本书使用的虚拟机软件为 VMware Workstation，软件版本是 16.0，如果使用更高版本的软件，书中的步骤也可提供参考。

2.2.1 安装虚拟机的步骤

（1）双击 VMware Workstation 的安装文件，出现如图 2-1 所示的安装界面，单击【下一步】按钮，进入图 2-2 所示的接受许可协议界面。

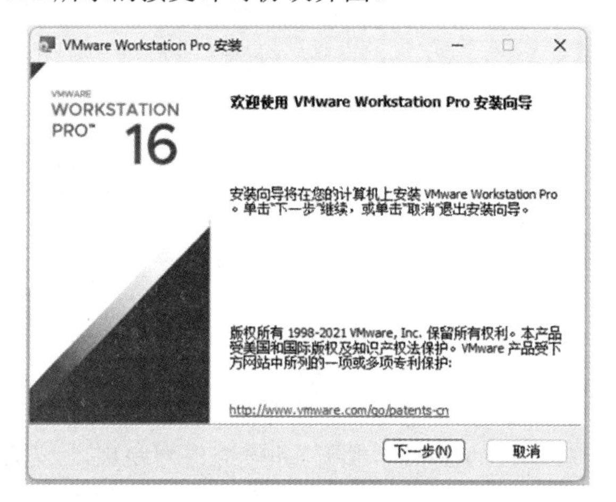

图 2-1　开始安装界面

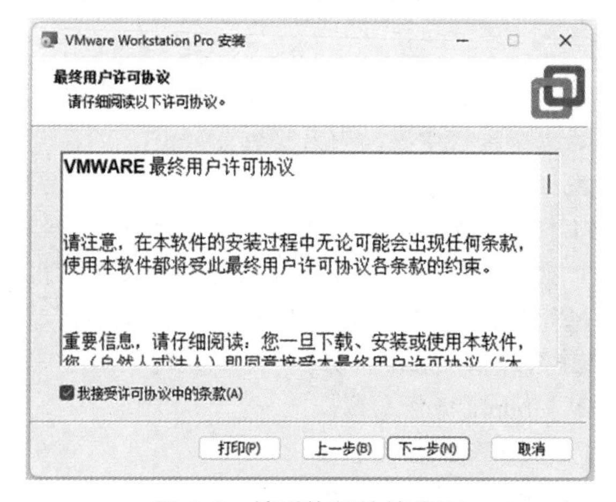

图 2-2　接受许可协议界面

（2）勾选【我接受许可协议中的条款】复选框，单击【下一步】按钮，进入图 2-3 所示的自定义安装路径界面。

（3）如需修改软件安装位置，可单击【更改...】按钮修改安装路径，如不修改，则采用默认安装路径。确定安装路径后，单击【下一步】按钮，进入图 2-4 所示的快捷方式选择界面。

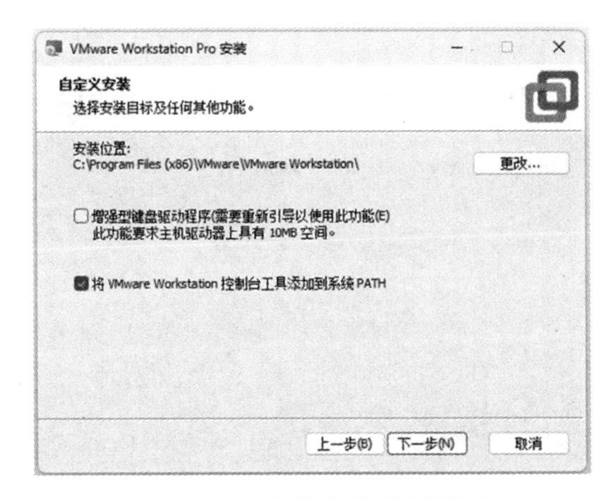

图 2-3　自定义安装路径界面

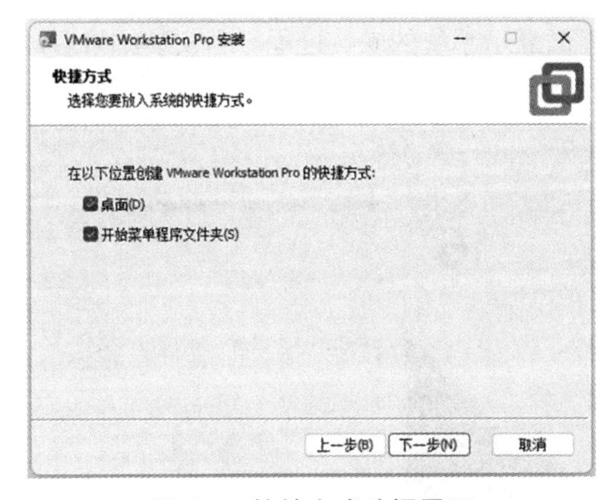

图 2-4　快捷方式选择界面

（4）在快捷方式选择界面选择创建快捷方式的位置，一般采用默认选项，如不需要快捷方式，可取消勾选对应的复选框，确定后，单击【下一步】按钮，进入图 2-5 所示的安装确认界面。

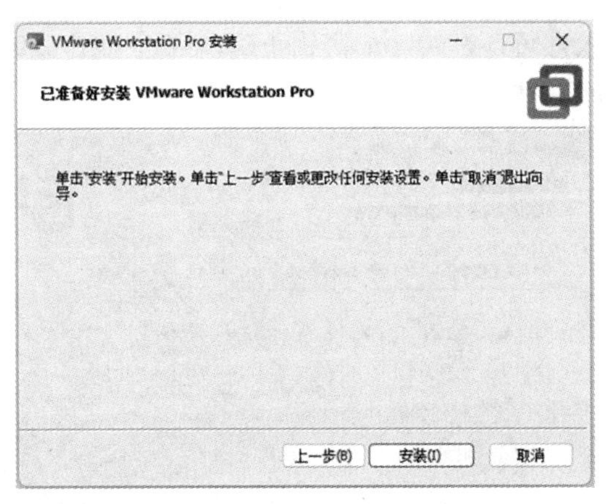

图 2-5　安装确认界面

（5）在安装确认界面，如不再更改安装选项，直接单击【安装】按钮，进入图 2-6 所示的安装状态显示界面。

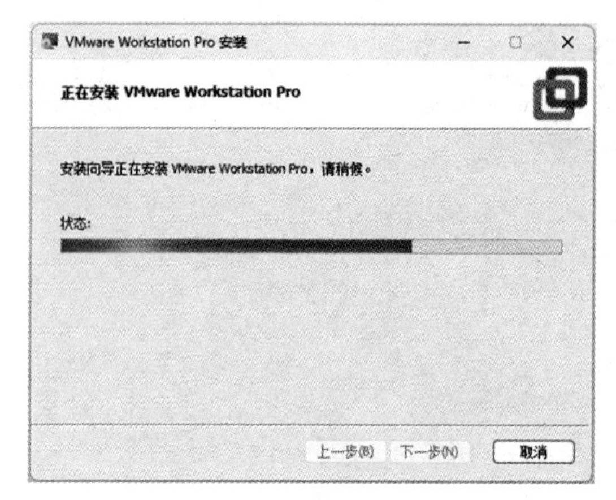

图 2-6　安装状态显示界面

（6）安装状态显示界面显示系统的安装过程。当安装结束后，进入图 2-7 所示的安装向导已完成界面。

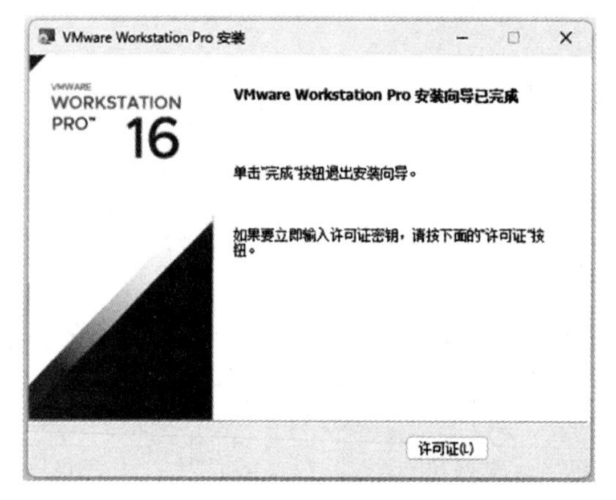

图 2-7　安装向导已完成界面

（7）在图 2-7 所示的界面中，单击【许可证】按钮，进入图 2-8 所示的许可证密钥输入界面，在此界面中输入许可证密钥，如密钥正确，则进入图 2-9 所示的安装完成界面，单击【完成】按钮，完成软件安装。

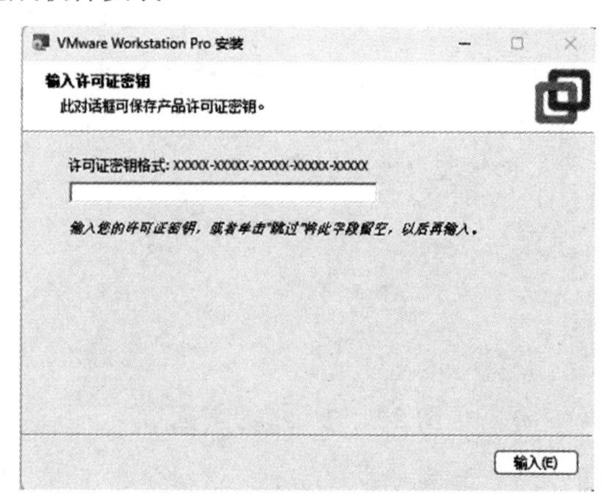

图 2-8　许可证密钥输入界面

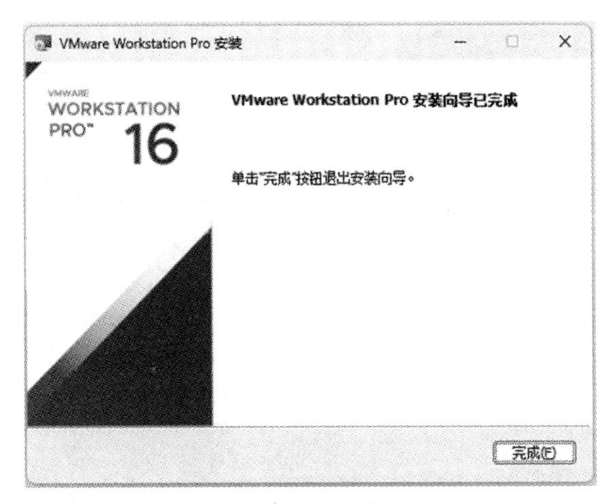

图 2-9　安装完成界面

2.2.2　解决使用虚拟机的常见问题

安装完虚拟机后，就可以加载镜像文件开始使用。但是在使用的过程中常常会遇到一些问题。

1．CPU 虚拟化问题

使用 64 位操作系统安装 VMware Workstation 虚拟机时可能会涉及 CPU 虚拟化的问题，如果 BIOS 没有开启 CPU 的虚拟化选项，创建和打开 64 位虚拟机时会报错，如图 2-10 所示。

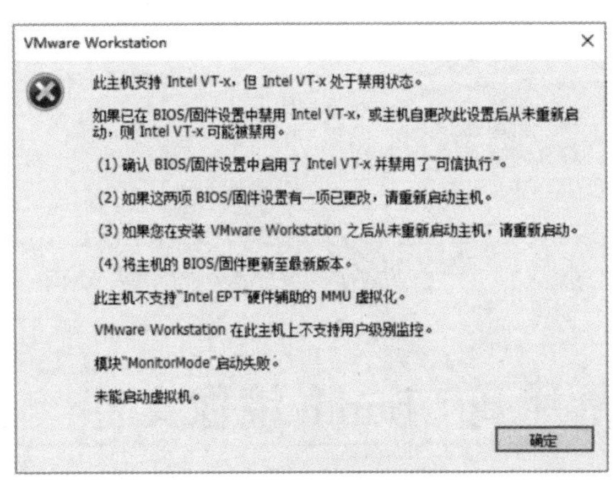

图 2-10　CPU 虚拟化报错界面

此时，可重启计算机进入 BIOS 模式（不同的计算机进入 BIOS 模式的方式不同，在启动时，有的需要按 Delete 键，有的需要按 F2 键或者其他键，需根据具体计算机型号而定），找到【Virtualization Technology】选项并设置为开启，保存 BIOS 配置，重启计算机之后再次打开虚拟机。

另外，也有可能是因为计算机安装的杀毒软件的防护引擎，此时应关闭杀毒软件中相应的防护选项。

2. 打开虚拟机出现蓝屏死机现象

解决方法一：旧的版本可能会存在不兼容的问题，因此，可将 VMware Workstation 软件版本升级至最新。如升级后仍出现问题，可尝试解决方法二。

解决方法二：单击【开始】按钮，选择【设置】选项，在其左侧菜单栏中选择【应用】选项，然后在其右侧菜单栏中选择【可选功能】选项，之后选择【更多 Windows 功能】选项，可进入“启动或关闭 Windows 功能”页面，如图 2-11 所示。找到其中的【Windows 虚拟机监控程序平台】和【虚拟机平台】复选框并勾选，单击【确定】按钮后，重启计算机。

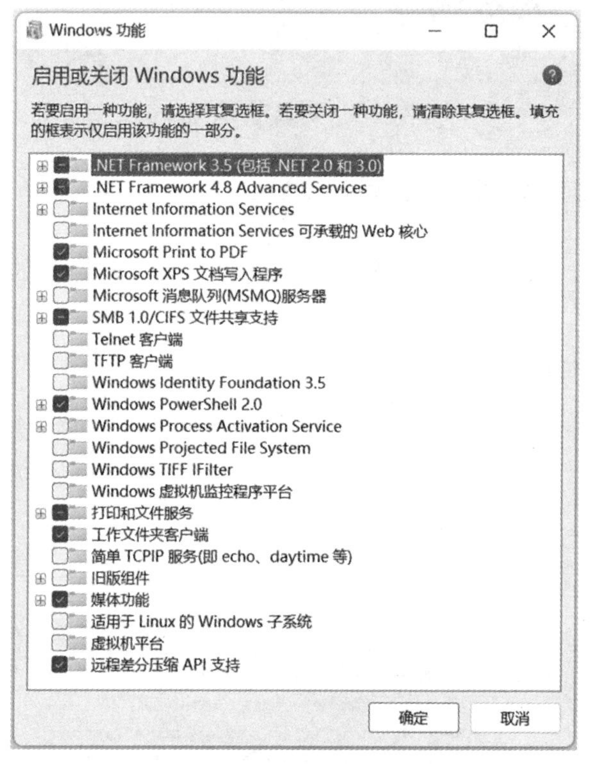

图 2-11　“启动或关闭 Windows 功能”页面

2.3 虚拟机加载 Ubuntu 镜像文件

（1）双击 VMware Workstation 图标打开虚拟机软件，第一次启动出现的界面如图 2-12 所示，如需自行创建新的虚拟机，则单击【创建新的虚拟机】按钮，具体创建过程这里不做叙述。如已经有创建好的虚拟机镜像，则单击【打开虚拟机】按钮，进入图 2-13 所示的虚拟机启动界面。

（2）虚拟机启动界面展示了所选虚拟机的详细信息，包括虚拟机配置文件的存放地址、硬件兼容性及虚拟机的硬件设备信息。此时，单击菜单栏中的【▸】按钮或者左侧边栏中的【▸开启此虚拟机】按钮，皆可启动虚拟机。

图 2-12　VMware Workstation 启动界面

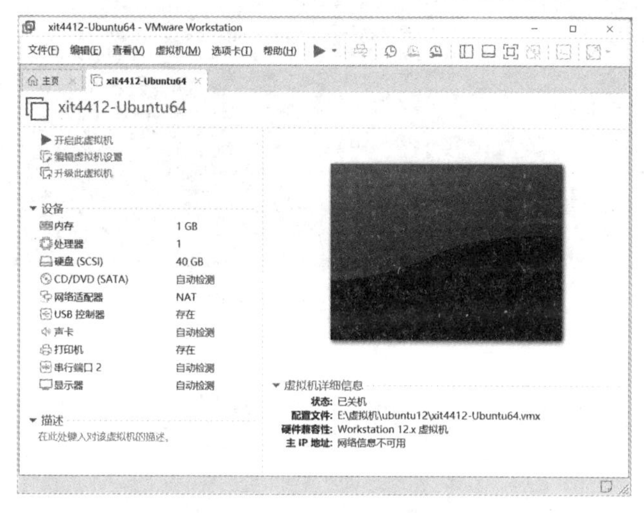

图 2-13　虚拟机启动界面

（3）虚拟机启动成功后，进入 Ubuntu 用户登录界面，如图 2-14 所示。在此界面输入用户密码，切记不要单击【客人会话】按钮，否则会以游客身份登录系统，导致使用功能受限。

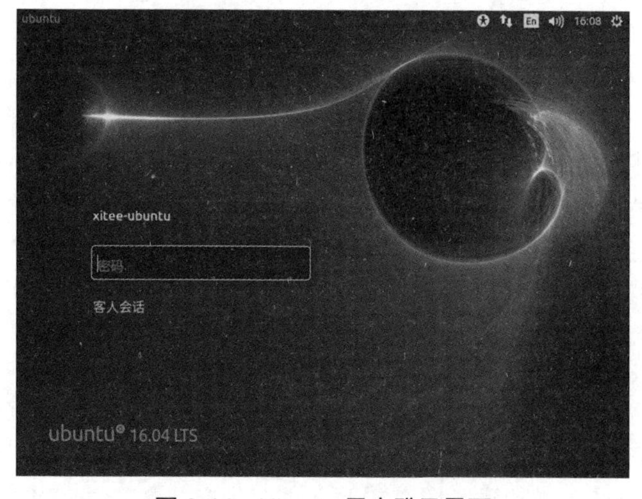

图 2-14　Ubuntu 用户登录界面

（4）用户输入正确密码后，进入 Ubuntu 桌面，如图 2-15 所示。进入此界面，表示 Ubuntu 系统已经启动成功。在此界面中，左侧为快捷菜单栏，用户可以根据需要把常用的软件拖放到此处，其中的主文件夹、终端和 Qt 在后期会经常使用。

图 2-15　Ubuntu 桌面

2.4 实现主机与虚拟机之间的文件传输

在学习和开发的过程中，常常需要在 Windows 系统和 Ubuntu 系统之间传输文件，可以通过安装 VMware Tools 工具实现文件的直接拖动，但是此种方法与虚拟机版本相关，并不一定能够实现。因此，常常利用共享目录或者使用第三方工具的方式实现，下文主要介绍这两种方法。

2.4.1 利用共享目录传输文件

Ubuntu 系统启动后，选择【虚拟机 | 设置...】菜单命令，打开虚拟机设置界面，单击【选项】选项卡，选中左侧的【共享文件夹】选项，如图 2-16 所示，如【共享文件夹】选项为“已禁用”状态，可以单击【总是启用】单选按钮，将其修改为“总是启用”状态，然后单击【添加...】按钮，系统弹出图 2-17 所示的界面，单击【下一步】按钮，进入图 2-18 所示的“命名共享文件夹”界面。

在图 2-18 所示的界面中，【主机路径】文本框显示 Windows 端用于共享的文件夹，单击【浏览...】按钮可直接选择，【名称】文本框显示 Ubuntu 端用于共享的文件夹的名称，可直接根据需要输入。设置成功后，在/mnt/hgfs 目录下会自动生成以所输入的名称命名的文件夹。单击【下一步】按钮进入图 2-19 所示的“指定共享文件夹属性”界面。

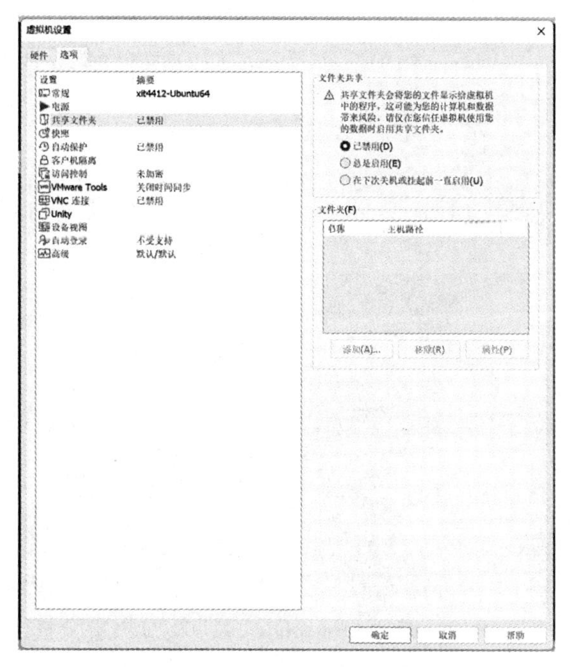

图 2-16 “虚拟机设置”界面

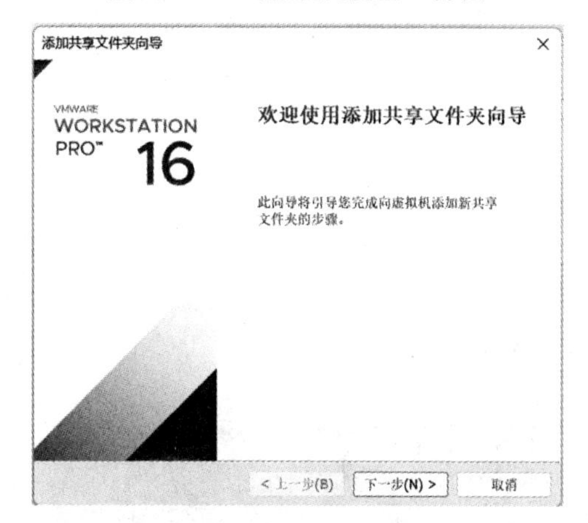

图 2-17 “添加共享文件夹向导”界面

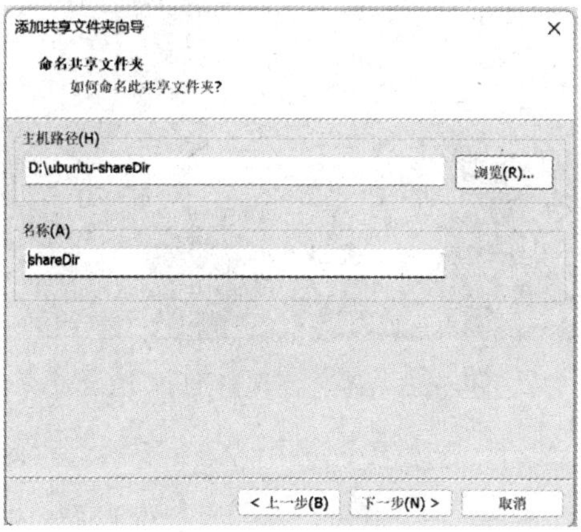

图 2-18 “命名共享文件夹”界面

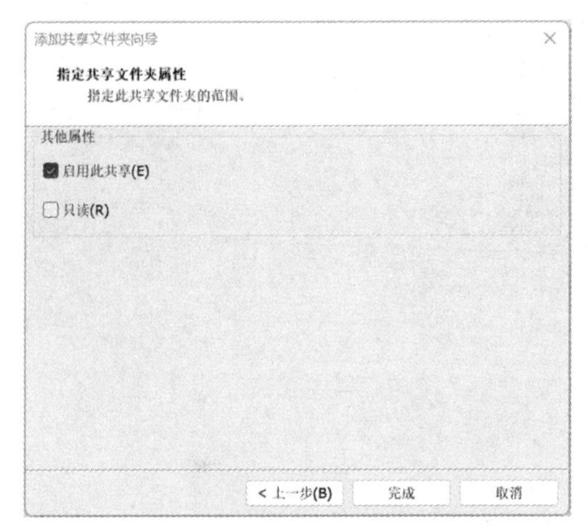

图 2-19　“指定共享文件夹属性”界面

在图 2-19 所示的界面中，勾选【启用此共享】复选框，单击【完成】按钮，完成共享文件夹设置。以图 2-18 所示界面的设置为例，设置成功后，Windows 端的 D:\ubuntu-shareDir 文件夹与 Ubuntu 端的/mnt/hgfs/shareDir 文件夹为共享文件夹。

2.4.2　利用第三方工具传输文件

连接 Linux 的常用客户端工具有 SSH Secure File Transfer Client、Xftp、MobaXterm 等，其特点是传送文件方便。这里以 MobaXterm 为例进行说明。官网上选择无须安装的 MobaXterm，解压缩后直接使用。

（1）使用前，首先确认 Ubuntu 的 IP 地址，在 Ubuntu 桌面中，同时按住键盘上的 Ctrl 键、Alt 键和 T 按键（或者单击桌面左侧的终端图标），打开终端，在终端中输入 ifconfig 命令，如图 2-20 所示。其中的 ens33 地址是所需的 IP 地址，为 192.168.68.137。

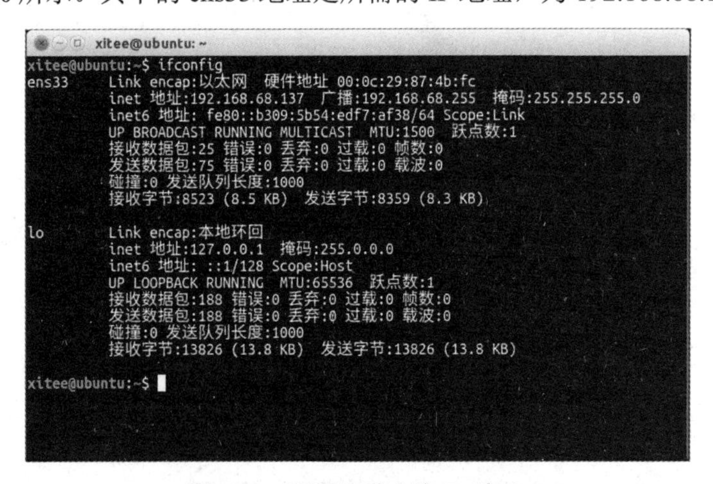

图 2-20　通过终端查询 IP 地址

（2）打开 MobaXterm 软件，初始界面如图 2-21 所示。左侧边栏显示的是连接过的客户端，单击后会自动连接。如要新建连接，则单击【Session】按钮，软件弹出 Session 设置界面，如图 2-22 所示。

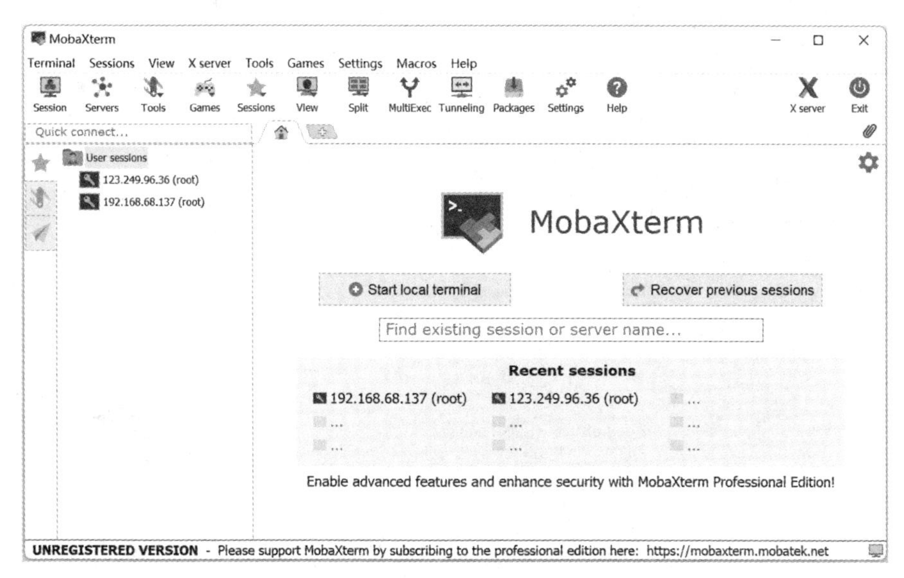

图 2-21 MobaXterm 软件初始界面

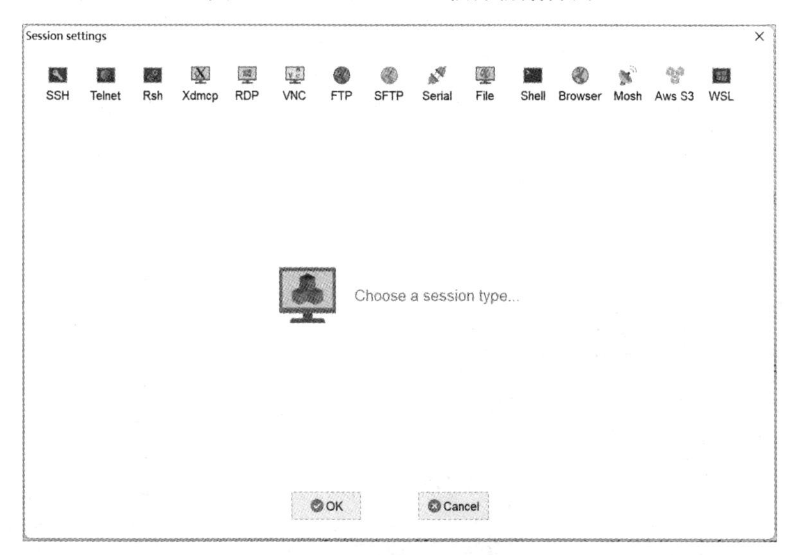

图 2-22 Session 设置界面

（3）在图 2-22 所示的界面中，单击【SSH】按钮，自动弹出图 2-23 所示的界面。

（4）在图 2-23 所示的界面中，在【Remote host】文本框中填入 Ubuntu 的 ens33 地址，勾选【Specify username】复选框，并填入“root”，此处表示以 root（根用户）的身份登录客户机，然后单击【OK】按钮，系统会弹出图 2-24 所示的身份确认界面，勾选【Do not show this message again】复选框后，单击【Accept】按钮，如软件连接上了远程客户端，则进入图 2-25 所示的密码输入界面。

（5）在图 2-25 所示的界面中，输入 root 的登录密码。值得注意的是，在此界面中，密码输入不可见，输入完成后直接按下回车键即可。如密码输入正确，会弹出图 2-26 所示的密码保存确认界面，可单击【Yes】按钮，则在后续登录时无须再次输入密码。接着系统弹出图 2-27 所示的主密码输入界面，此举是为了提高账户安全性，在此可忽略，单击【Cancel】按钮，系统进入图 2-28 所示的界面，表示登录成功。

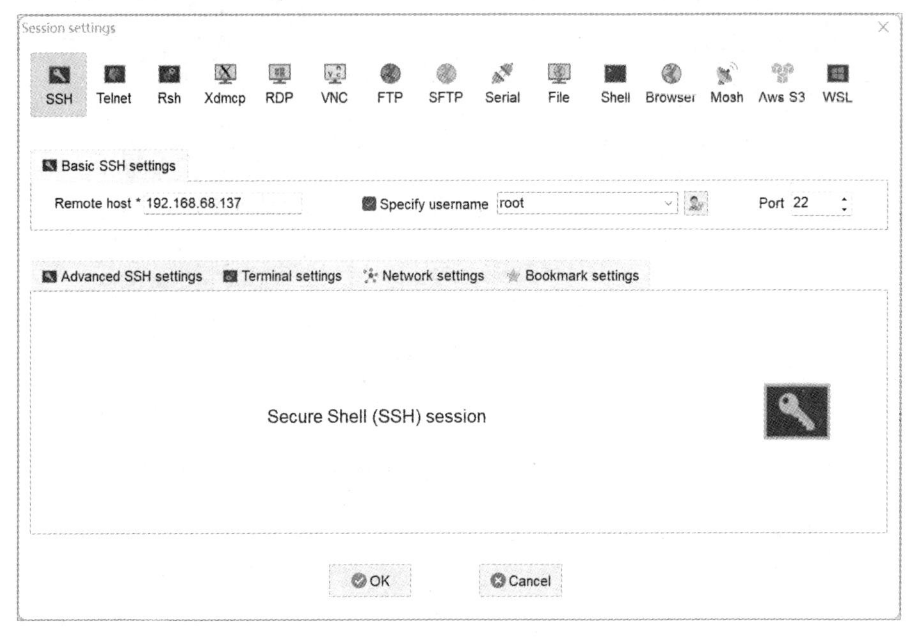

图 2-23 基本 SSH 设置界面

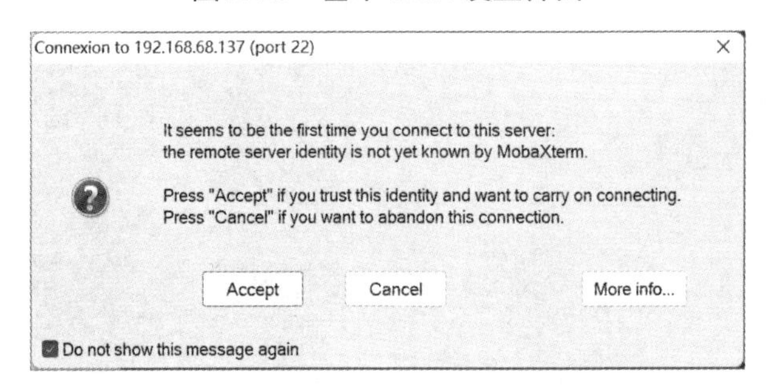

图 2-24 身份确认界面

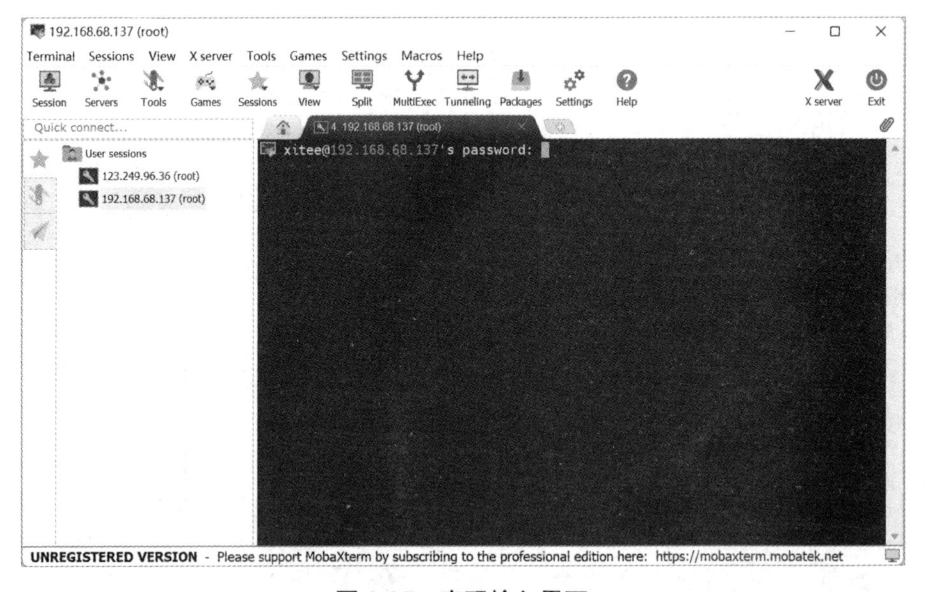

图 2-25 密码输入界面

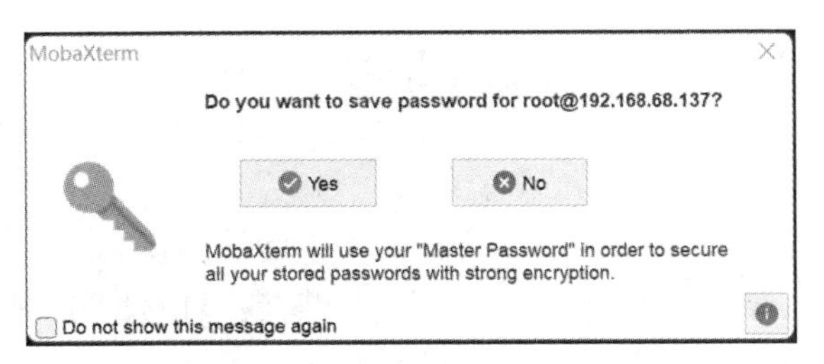

图 2-26　密码保存确认界面

MobaXterm Master Password

Secure my stored passwords

Please enter a "Master Password" in order to protect your password vault.
The master password is used to encrypt all your stored passwords.

IMPORTANT: DO NOT FORGET YOUR MASTER PASSWORD,
otherwise you will lose all your stored passwords!

My master password:
Re-type my master password:
Master password strength:

Prompt me for my master password
only on new Windows account or new computer
at every MobaXterm startup
at every MobaXterm startup and after resuming from standby mode

OK　Cancel

图 2-27　主密码输入界面

（6）MobaXterm 软件客户端界面如图 2-28 所示，图中左侧边栏为 Ubuntu 端的目录，右侧边栏为 Ubuntu 的终端操作界面，自动定位到/root 目录下。此时，如需从 Windows 端传输文件到 Ubuntu 端，可通过鼠标拖动文件到左侧边栏的目录中；如需从 Ubuntu 端传输文件到 Windows 端，可通过鼠标左键单击选中左侧边栏中的文件，直接拖动到 Windows 端的目录中。

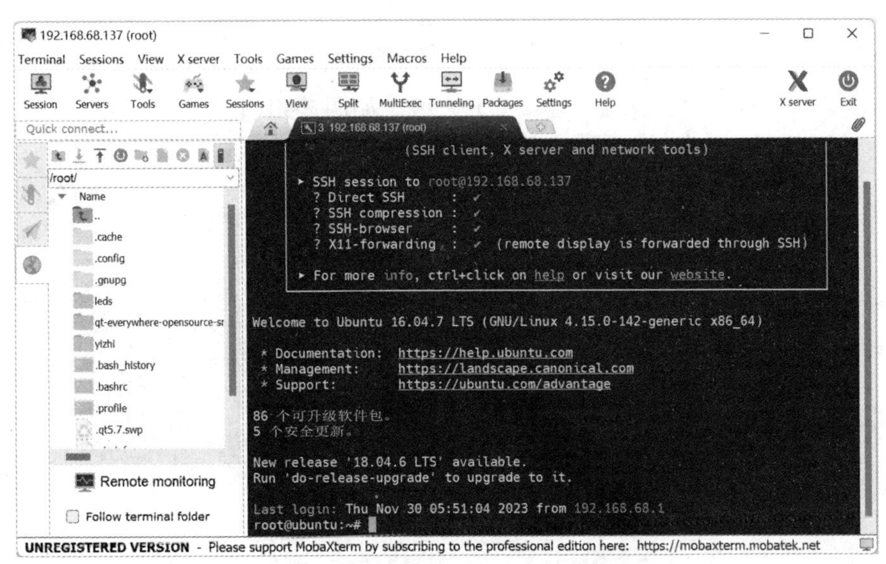

图 2-28　MobaXterm 软件客户端界面

2.5 USB 转串口驱动的安装

开发板上通常预留串口以供开发者传输文件或者通过串口进入开发板的控制端，因此，常需要在计算机上安装 USB 转串口驱动。USB 转串口设备所采用的芯片不同，导致驱动也有所不同，这里介绍 PL23XX 系列的驱动。

在本书提供的资料中，有支持 Windows 10 和 Windows 11 系统的不同版本的驱动，如计算机系统为 Windows 10 系统，可解压缩 windows 7_10_ _32_64 USB-prolific-pl2303.zip，然后进行安装。如计算机系统为 Windows 11 系统，可将 PL23XX_Prolific_DriverInstaller_v401-win11.zip 文件解压缩后，选择 PL23XX-M_LogoDriver_Setup_v401_20220225.exe 进行安装。安装时，只需采用默认安装选项即可。

驱动安装成功后，需使用 USB 转串口线连接计算机和开发板，然后启动开发板，打开计算机的设备管理器，选中【端口（COM 和 LPT）】选项，出现“Prolific USB-to-Serial Comm Port（COM5）”信息，如图 2-29 所示，说明该驱动可用。其中的 COM5 为具体的串口号，当使用串口工具连接时，需使用该串口，具体的串口工具使用方法见 7.2.2 节串口传输。

图 2-29　串口设备信息

安装成功后，打开串口软件，连接上开发板。如图 2-30 所示，可以在此界面输入不同的 Linux 命令，实现对开发板系统的控制。

```
Serial-COM4 (2)
Try to bring eth0 interface up......[    9.190147] [dm96] Set mac addr 08:90:90:90:90:90
[    9.193410] [dm96] [08] [90] [90] [90] [90] [90]
[    9.213320] dm9620 1-3.2:1.0: eth0: link down
[    9.223496] link_reset() speed: 10 duplex: 0
[    9.231114] ADDRCONF(NETDEV_UP): eth0: link is not ready
Done
Starting Qtopia4, please waiting...
~ # 44
/etc/pointercal is exit
[   10.458674] s3cfb s3cfb.0: [fb2] already in              FB_BLANK_UNBLANK
Cannot open input device '/dev/tty0': No such file or directory
[   12.671907] CPU3: shutdown

~ #
~ #
~ #
~ #
~ #
```

图 2-30　串口信息显示界面

2.6 ADB 驱动安装

ADB 的全称为 Android Debug Bridge（安卓调试桥），ADB 驱动是计算机与 Android 设备通信所需的客户端驱动程序，这里主要用于开发板系统烧写时文件的传输。

ADB 驱动可以通过安装驱动精灵软件实现自动匹配安装。安装驱动精灵软件时，可在本书提供的资料中找到安装软件，采用默认选项安装。

驱动精灵软件安装成功后，打开串口软件连上开发板，插入 USB 线连接开发板和计算机，重启开发板电源，3 秒内按回车键，会进入图 2-31 所示的界面，在此界面上输入 fastboot 命令。Windows 系统会出现图 2-32 所示的界面，单击【安装驱动】按钮，系统会自动安装适合的 ADB 驱动。

ADB 驱动安装成功后，可以参考 7.2.4 节 Flash 烧写步骤，对开发板中的操作系统、文件系统等内容进行更新。

```
In:    serial
Out:   serial
Err:   serial
eMMC OPEN Success.!!
                                  !!!Notice!!!
!You must close eMMC boot Partition after all image writing!
!eMMC boot partition has continuity at image writing time.!
!So, Do not close boot partition, Before, all images is written.!

MMC read: dev # 0, block # 48, count 16 ...16 blocks read: OK
eMMC CLOSE Success.!!


Checking Boot Mode ... EMMC4.41
SYSTEM ENTER NORMAL BOOT MODE
Hit anv kev to stop autoboot:  0
xitee-4412 #
```

图 2-31　开发板进入 U-Boot 模式

图 2-32　驱动精灵安装 ADB 提示框

第3章

Linux 系统程序设计基础

3.1 本章目标

思政目标

通过命令操作 Linux 系统，可以执行各种系统管理任务。很多任务需要组合使用多个命令，需要读者不断尝试、学习和应用新的命令和技巧，这种过程有利于培养读者的自主学习能力和探索精神。

学习目标

在进行嵌入式系统应用程序开发前，应掌握 Linux 系统常用操作命令，程序的编辑、编译和调试方法，以及常用的文件操作方法和多线程函数的使用方法。通过本章的学习，读者应掌握以下内容：

1. Linux 系统常用操作命令。
2. GCC 编译程序的使用。
3. GDB 程序调试器的使用。
4. makefile 文件的编写。
5. 文件常用 API 函数的使用方法。
6. 多线程的编程思想和常用 API 函数的使用方法。

3.2 Linux 系统常用操作命令

Linux 系统中的命令非常多，包括文件管理与传输、磁盘管理与维护、网络配置、系统管理与设置、备份压缩等成百上千条命令，而且每条命令都带有很多参数，在此只介绍一些常用的命令，以及和本书项目相关的命令。

3.2.1 文件目录相关命令

1. ls 命令

ls 命令（扫一扫看视频）

功能：列出目录的内容。执行 ls 命令可列出目录的内容，包括文件和子目录的名称。

格式：ls [参数] [<文件或目录> …]。

常用参数：

-a：显示指定目录下所有子目录与文件名，包括隐藏文件。

-R：递归列出所有子目录。

-l：除列出文件名外，还将文件形态、权限、拥有者、文件大小等详细信息列出。

-lh：以可读的方式（K/M）显示文件大小。

实例：

（1）显示指定目录下所有子目录与文件名，包括隐藏文件。目录和文件名前加“.”代表隐藏文件。

```
# ls  -a
```

（2）使用长格式显示文件的详细信息。

```
# ls  -l
```

（3）以长格式显示文件详细信息，并以 KB 或 MB 的方式显示文件大小。

```
# ls -lh
```

2. cd 命令

cd 命令（扫一扫看视频）

功能：改变工作目录。该命令将当前目录改变至指定的目录。若没有指定的目录，则回到用户的主目录。为了改变到指定目录，用户必须拥有对指定目录的执行和读权限。

格式：cd [路径]。 其中的路径为要改变的工作目录，可为相对路径或绝对路径。

实例：

（1）回到上级目录。

```
# cd  ..
```

（2）回到根目录。

```
# cd  /
```

（3）切换到/root 目录。

```
# cd  /root
```

（4）回到用户主目录。

```
# cd  ~
```

3. pwd 命令

pwd 命令（扫一扫看视频）

功能：显示出当前工作目录的绝对路径。

格式：pwd。

实例：

显示当前工作目录的绝对路径。

```
# pwd
```

4. mkdir 命令

mkdir 命令（扫一扫看视频）

功能：创建一个目录。

格式：mkdir[参数][路径/目录名称]。

常用参数：

-p：确保目录名称存在，若不存在，则新建一个。

实例：

在当前目录中创建目录 ch3。

```
# mkdir  ch3
```

5. rmdir 命令

rmdir 命令（扫一扫看视频）

功能：删除空目录。

格式：rmdir [参数][路径/目录名称]。

注：rmdir 只能删除空目录，因此，如果要删除某个目录，需先将其目录下的所有文件删除。

常用参数：

-p：当子目录被删除后，若该目录为空目录，则将该目录一并删除。

实例：

（1）删除/home/xitee 下的 ch3 目录。

```
# cd  /home/xitee
# rmdir  ch3
```

（2）在其他目录下将 ch3 目录删除。

```
# rmdir  /home/xitee/ch3
```

6. rm 命令

rm 命令（扫一扫看视频）

功能：删除文件或目录。

格式： rm[参数][文件或目录]。

常用参数：

-f：强制删除文件或目录。

-i：删除文件或目录之前先询问用户。

-r：删除目录，如果目录不为空，则递归删除整个目录。

-v：显示指令执行过程。

实例：

（1）使用-i 参数在删除既有文件或目录之前先询问用户。

```
# rm  -i  hello.c
rm: remove regular file 'hello.c'?
```

（2）使用-f 参数强制删除文件。

```
# rm  -f  hello.c
```

7. cp 命令

cp 命令（扫一扫看视频）

功能：复制文件或目录。

格式：cp[参数] [源文件或目录][目标文件或目录]。

常用参数：

-a：保留链接、文件属性，并递归复制目录，其作用等于 dpr 选项的组合。

-d：复制时保留链接。

-f：删除已经存在的目标文件而不提示。

-i：在覆盖目标文件之前给出提示，要求用户确认。

-p：除复制源文件的内容外，还把其修改时间和访问权限也复制到新文件中。

-r：若第二个参数给出的是目录，则表示递归复制该目录下所有的子目录和文件，此时第三个参数也必须为一个目录。

实例：

（1）将文件 hello.c 复制到/root 目录下。

```
# cp  hello.c  /root
```

（2）将当前目录下的 linux 目录及其下所有文件及目录都复制到/home/xitee 目录下。

```
# cp  -r  linux  /home/xitee
```

8. mv 命令

mv 命令（扫一扫看视频）

功能：移动现有的文件或目录，或者为现有的文件或目录更名。

格式：mv [参数] [源文件或目录] [目标文件或目录]。

实例：

（1）将当前目录/home/xitee 下的 hello.c 移动到/root 目录下。

```
# mv  hello.c  /root
```

（2）将/root 目录下的 hello.c 移动到/home/xitee 目录下并更名为 linux.c。

```
# cd  /root
# mv  hello.c  /home/xitee/linux.c
```

9. cat 命令

功能：连接并显示指定的一个或多个文件的有关信息。

格式： cat [选项] 文件 1 文件 2... 。其中的文件 1、文件 2 为要显示的多个文件。

常用参数：

-n：由第一行开始对所有输出的行进行编号。

实例：

输出 hello.c 的内容并在每行前面加上行号。

```
# cat  -n  hello.c
```

10．chmod 命令

chmod 命令（扫一扫看视频）

功能：改变文件的访问权限。

Linux 系统中文件的访问权限共分为三级，分别为文件所有者（u）、用户组（g）和其他用户（o），每组的访问权限都有可读取（r）、可写入（w）和可执行（x）三种，如图 3-1 所示。

```
drwxr-xr-x  2 root root 4096 1月  28 07:41 ./
drwx------ 11 root root 4096 1月  28 07:39 ../
-rw-------  1 root root   36 1月  28 07:41 hello.txt
-rwxr-xr-x  1 root root 8920 1月  28 07:41 readwrite*
  u  g  o
```

图 3-1　文件的访问权限示意图

改变文件访问权限的方法共有两种：一种是包含字母和操作符表达式的文字设定法，另一种是包含数字的数字设定法。

格式：chmod mode 文件。

常用参数：

在包含字母和操作符表达式的文字设定法中，“mode”表示权限设定字串，格式为[ugoa][+-=][rwx]。

“u”表示该文件的所有者，“g”表示该文件的所有者所在的工作组，“o”表示其他用户，“a”表示所有用户。

“+”表示增加权限，“-”表示取消权限，“=”表示唯一设定权限。

“r”表示可读取，“w”表示可写入，“x”表示可执行。

实例：

（1）取消 readwrite 文件的处理权限。

```
# chmod  -x  readwrite
```

（2）增加 readwrite 文件的处理权限。

```
# chmod  +x  readwrite
```

运行结果图如图 3-2 所示。

此外，通常使用数字设定法修改权限，权限的有无以 1/0 表示，“1”表示有权限，“0”表示没有权限，则图 3-1 中 readwrite 文件的权限表示为 111101101，用八进制表示为 755。此时，“mode”直接使用八进制数即可。

实例：

更改 readwrite 文件的权限为 777 和 766，运行结果图如图 3-3 所示。

```
# chmod  777  readwrite
# chmod  766  readwrite
```

```
root@ubuntu:~/prog# ll
总用量 28
drwxr-xr-x  2 root root 4096 1月  28 07:41 ./
drwx------ 11 root root 4096 1月  28 07:39 ../
-rw-------  1 root root   36 1月  28 07:41 hello.txt
-rwxr-xr-x  1 root root 8920 1月  28 07:41 readwrite*
-rw-r--r--  1 root root  623 1月  28 07:41 readwrite.c
root@ubuntu:~/prog# chmod -x readwrite
root@ubuntu:~/prog# ll
总用量 28
drwxr-xr-x  2 root root 4096 1月  28 07:41 ./
drwx------ 11 root root 4096 1月  28 07:39 ../
-rw-------  1 root root   36 1月  28 07:41 hello.txt
-rw-r--r--  1 root root 8920 1月  28 07:41 readwrite
-rw-r--r--  1 root root  623 1月  28 07:41 readwrite.c
root@ubuntu:~/prog# chmod +x readwrite
root@ubuntu:~/prog# ll
总用量 28
drwxr-xr-x  2 root root 4096 1月  28 07:41 ./
drwx------ 11 root root 4096 1月  28 07:39 ../
-rw-------  1 root root   36 1月  28 07:41 hello.txt
-rwxr-xr-x  1 root root 8920 1月  28 07:41 readwrite*
-rw-r--r--  1 root root  623 1月  28 07:41 readwrite.c
```

图 3-2　chmod 命令运行结果图一

```
root@ubuntu:~/prog# ll
总用量 28
drwxr-xr-x  2 root root 4096 1月  28 07:41 ./
drwx------ 11 root root 4096 1月  28 07:39 ../
-rw-------  1 root root   36 1月  28 07:41 hello.txt
-rwxr-xr-x  1 root root 8920 1月  28 07:41 readwrite*
-rw-r--r--  1 root root  623 1月  28 07:41 readwrite.c
root@ubuntu:~/prog# chmod 777 readwrite
root@ubuntu:~/prog# ll
总用量 28
drwxr-xr-x  2 root root 4096 1月  28 07:41 ./
drwx------ 11 root root 4096 1月  28 07:39 ../
-rw-------  1 root root   36 1月  28 07:41 hello.txt
-rwxrwxrwx  1 root root 8920 1月  28 07:41 readwrite*
-rw-r--r--  1 root root  623 1月  28 07:41 readwrite.c
root@ubuntu:~/prog# chmod 766 readwrite
root@ubuntu:~/prog# ll
总用量 28
drwxr-xr-x  2 root root 4096 1月  28 07:41 ./
drwx------ 11 root root 4096 1月  28 07:39 ../
-rw-------  1 root root   36 1月  28 07:41 hello.txt
-rwxrw-rw-  1 root root 8920 1月  28 07:41 readwrite*
-rw-r--r--  1 root root  623 1月  28 07:41 readwrite.c
```

图 3-3　chmod 命令运行结果图二

3.2.2　系统操作命令

1．mount 命令和 umount 命令

功能：挂载文件系统。

格式：mount [参数][设备名称][挂载点]。

常用参数:

-o：该参数配合选项使用，可用于指定一个或多个挂载选项。

-t<文件系统类型>：指定设备文件系统分区的类型。

实例：

装载 U 盘。

```
# mount  -t  vfat  /dev/sdb1  /mnt/usb
```

umount 命令是 mount 命令的逆操作，它的作用是卸载文件系统。例如，装载 U 盘后，若要取出 U 盘，必须先使用 umount 命令进行卸除。其参数和使用方法与 mount 命令一样，命令格式如下：umount <挂载点|设备名称>。

2．shutdown 命令

功能：系统关机指令。

格式：shutdown [参数] [-t 秒数] 时间 [警告信息]。

常用参数：

-c：取消前一个 shutdown 命令。

-h：将系统关机后关闭电源，某种程度上功能与 halt 命令相当。

-n：不调用 init 程序关机，而是由 shutdown 命令进行，使用此参数将加快关机速度，但是不建议用户使用这种关机方式。

-r：关机之后重新启动系统。

-t<秒数>：警告信息和关机信号之间要延迟的秒数，警告信息将提醒用户保存当前进行的工作。例如：

```
# shutdown  -h  +4
```

shutdown 命令后面有“-h”和“+4”标志，其中，“-h”是参数，而“+4”是时间标志。

时间参数的格式：时间参数有 hh:mm 和+m 两种格式，hh:mm 格式表示在几点几分执行 shutdown 命令，如“shutdown 10:45”表示 shutdown 命令将在 10:45 执行，“shutdown+m”表示 m 分钟后执行 shutdown 命令。比较特别的用法是以“now”表示立即执行关机指令。在第一次使用 shutdown 命令时，可以用“Ctrl+C”键清除该命令，第二次使用时，在命令最后加上“&”表示转入后台执行，之后可以使用“shutdown -c”命令取消前一个 shutdown 命令。

3.2.3　文件打包压缩相关命令

文件打包压缩相关命令（扫一扫看视频）

1．tar 命令

功能：对文件和目录进行打包或解压，打包文件扩展名为.tar。利用 tar 命令可以将若干个文件或目录打包成一个文件。

格式： tar [参数] [打包后文件名] 文件目录列表。

常用参数：

-c：创建新的档案文件。如果用户想备份目录或文件，需要选择这个选项。

-x：解开打包文件的参数指令。

-r：向打包文件中追加文件。例如，用户已经将文件备份并打包，发现还有一个目录或文件没有备份，这时可以使用该选项，将遗漏的目录或文件追加到打包文件中。

-f：指定打包后的文件名。注意：在该参数之后不能有其他参数。

-z：调用 gzip 程序来压缩或解压打包文件，使用该选项可以将档案文件进行压缩，但还原时也一定要使用该选项进行解压。

-j：调用 bzip2 程序来压缩或解压打包文件。

-Z：调用 compress 程序来压缩或解压打包文件。

-v：执行时显示详细的信息。

实例：

（1）将当前目录下的文件 test1、test2 和 test3 打包为 this.tar。

```
# tar  -cvf  this.tar  test1  test2  test3
```

（2）将当前目录下所有.txt 文件打包并压缩归档到文件 text.tar.gz。

```
# tar  -czvf  text.tar.gz  ./*.txt
```

（3）将当前目录下 text.tar.gz 中的文件解压到目录/home/text 中。

```
# tar  -xzvf  ./  text.tar.gz  -C /home/text
```

2．gzip 命令

功能：对单个文件进行压缩或对压缩文件进行解压缩，压缩文件扩展名为.gz。

格式：gzip [选项]需要压缩（解压缩）的文件名。

常用参数：

-d：将压缩文件解压缩。

-r：用递归方式查找指定目录并压缩（解压缩）其中的所有文件。

-v：显示每一个压缩或解压缩文件的文件名和压缩比。

-num：用数字“num”指定压缩比，“num”的取值为 1～9，其中“1”代表压缩比最低，“9”代表压缩比最高，默认值为“6”。

实例：

（1）把当前目录下的 test.txt 文件压缩成.gz 文件。

```
# gzip  test.txt
```

（2）把（1）中的压缩文件解压缩，并列出详细的信息。

```
# gzip  -dv  test.txt.gz
```

3．unzip 命令

功能：将 Windows 系统中的压缩软件 winzip 压缩的文件在 Linux 系统中展开，需要使用 unzip 命令，该命令用于解压扩展名为.zip 的压缩文件。

格式：unzip [选项] 压缩文件名.zip。

常用参数：

-v：查看压缩文件目录但不解压。

-t：测试文件有无损坏但不解压。

-d：把压缩文件解压到指定目录下。

-z：只显示压缩文件的注解。

-n：不覆盖已经存在的文件。

-o：覆盖已经存在的文件且不要求用户确认。

-j：不重建文档的目录结构，把所有文件解压到同一目录下。

实例：

（1）将压缩文件 text.zip 在当前目录下解压缩。

```
# unzip  text.zip
```

（2）将压缩文件 text.zip 在指定目录/tmp 下解压缩，如果已有相同的文件存在，unzip 命令要求不覆盖原先的文件。

```
# unzip  -n  text.zip  -d  /tmp
```

（3）查看压缩文件目录但不解压。

```
# unzip  -v  text.zip
```

3.2.4 网络相关命令

1. ifconfig 命令

功能：查看或者设置网络设备。

格式：ifconfig 网络设备 [IP 地址] [netmask<子网掩码>]。

实例：

（1）查看和配置网络设备。

```
# ifconfig
```

（2）配置网络设备的 IP 地址为 192.168.220.131。

```
# ifconfig  eth0  192.168.220.131
```

2. ping 命令

功能：检测主机。

格式：ping[参数][主机名称或 IP 地址]。

实例：

检测是否与网络设备 IP 地址为 192.168.220.130 的主机连通。

```
# ping  192.168.220.130
```

3.2.5 获取联机帮助命令

联机帮助文档可以帮助用户随时了解命令的语法和参数，主要通过 man 命令来获取联机帮助文档。

man 命令格式：man [命令名称]。

例如，要获取有关 cp 命令的帮助，可输入以下命令，运行结果图如图 3-4 所示。

```
# man cp
```

- space（空格键）：向下翻一页显示。
- b：向上翻一页显示。
- q：退出说明文件界面。

```
root@ubuntu: /
CP(1)                          User Commands                          CP(1)

NAME
       cp - copy files and directories

SYNOPSIS
       cp [OPTION]... [-T] SOURCE DEST
       cp [OPTION]... SOURCE... DIRECTORY
       cp [OPTION]... -t DIRECTORY SOURCE...

DESCRIPTION
       Copy SOURCE to DEST, or multiple SOURCE(s) to DIRECTORY.

       Mandatory  arguments  to  long  options are mandatory for short options
       too.

       -a, --archive
              same as -dR --preserve=all

       --attributes-only
              don't copy the file data, just the attributes

       --backup[=CONTROL]
 Manual page cp(1) line 1 (press h for help or q to quit)
```

图 3-4　man 命令运行结果图

3.3 Vim 文本编辑器

Vim 文本编辑器
（扫一扫看视频）

Linux 系统支持的编辑器很多，图形模式的如 gedit、Kate、OpenOffice，文本模式的如 Vim（Vim 是 Vi 的增强版）、Emacs 等。本书主要介绍 Vim 文本编辑器的常用操作方法（Vim 兼容 Vi 的操作）。

Vim 是一种全屏幕文本编辑器，虽然它不像图形模式的编辑器那样操作简单、方便，但 Vim 编辑器在系统管理、服务器管理中的优越性能是图形模式的编辑器不能比拟的。因为一般进行系统管理，或者当系统没有安装 Windows 桌面环境或桌面环境崩溃时，都需要文本模式的编辑器 Vim 来管理系统。

3.3.1　Vim 编辑器的操作模式

由于 Vim 编辑器不是图形模式的，因此图形模式编辑器中的一些鼠标单击操作或快捷键操作在 Vim 编辑器中都是由专用的命令完成的。为了区分用户输入的字符是命令还是编辑字符，Vim 编辑器设置有三种操作模式，分别为命令行模式、插入模式及底行模式。

1．命令行模式

用户在用 Vim 编辑器编辑文件时，最初进入的模式是命令行模式。在该模式中，用户可以通过上下移动光标进行“删除字符”或“整行删除”等操作，也可以进行“复制”“粘贴”等操作，但无法编辑文字。

2．插入模式

只有在插入模式下，用户才能进行文字编辑输入，用户可按 Esc 键回到命令行模式。

3．底行模式

在底行模式下，光标位于屏幕的底行。用户可以进行文件保存或退出操作，也可以设置编辑环境，如寻找字符串、列出行号等。

Vim 编辑器的各个操作模式之间可以切换，如图 3-5 所示。初次进入 Vim 编辑器时，编辑器处于命令行模式下，通过 a、i、o 等命令可以切换到插入模式，按下 Esc 键可以回到命令行模式。在命令行模式下输入冒号“：”进入底行模式，可以输入底行模式的命令，如保存文件；底行模式命令执行完毕则会退回到命令行模式。

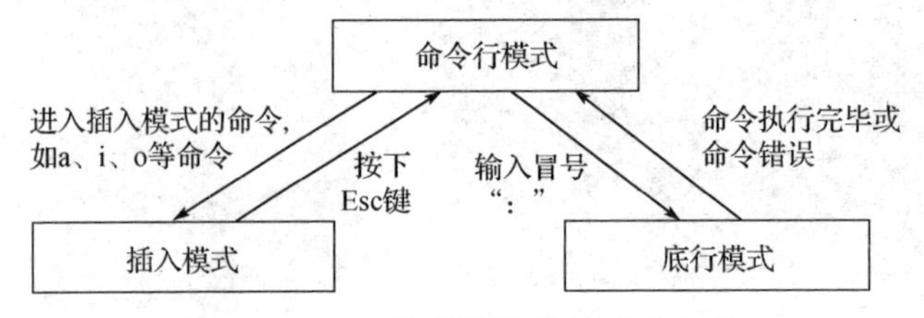

图 3-5　Vim 编辑器操作模式的切换

3.3.2　Vim 编辑器各操作模式的功能键

（1）命令行模式的常见功能键如表 3-1 所示。

表 3-1　命令行模式的常见功能键

功　能　键	功能说明
i，I	切换到插入模式，i 为从目前光标所在处插入，I 为从目前光标所在行的第一个非空格符处开始插入
a，A	切换到插入模式，a 为从目前光标所在位置的下一个字符处开始插入，A 为从光标所在行的最后一个字符处开始插入
o，O	切换到插入模式，o 为在目前光标所在行的下一行处插入新的一行，O 为在目前光标所在行的上一行处插入新的一行
[Ctrl]+[b]	屏幕往“后”翻动一页
[Ctrl]+[f]	屏幕往“前”翻动一页
[Ctrl]+[u]	屏幕往“后”翻动半页
[Ctrl]+[d]	屏幕往“前”翻动半页
0（数字 0）	光标移动到本行的开头
[n]G	光标移动到第 n 行或文件尾
$	移动到光标所在行的行尾
n	光标向下移动 n 行
/name	在光标之后查找一个名为 name 的字符串
?name	在光标之前查找一个名为 name 的字符串
x，X	x 为删除光标所在位置的后一个字符，X 为删除光标所在位置的前一个字符
dd	删除光标所在的行
[n]dd	删除从光标所在行开始的 n 行
yy	复制光标所在的行
[n]yy	复制从光标所在行开始的 n 行
p，P	p 为将已复制的字符粘贴到光标所在行的下一行，P 为将已复制的字符粘贴到光标所在行的上一行（与 yy 搭配）
u	恢复前一个动作

（2）插入模式的功能键只有一个，即 Esc 键，功能是使操作模式退回到命令行模式。

（3）底行模式的常见功能键如表 3-2 所示。

表 3-2 底行模式的常见功能键

功 能 键	功能说明
:wq	保存并退出
:q	退出
:q!	强制退出，不保存文件
:w[filename]	保存文件
:set nu	显示行号
:set nonu	取消行号显示

3.4 GCC 编译工具

GCC（GNU Compiler Collection，GNU 编译程序套件），是由 GNU（自由软件社区）开发的程序设计语言编译器。GCC 功能强大，结构灵活，能够编译用 C、C++、Objective-C 和 Java 等多种语言编写的程序，支持多种计算机体系结构芯片，如 X86、ARM、MIPS 等，并且可以被移植到其他多种硬件平台。

3.4.1 GCC 识别的文件类型

GCC 通过文件扩展名来区分输入文件的类别，表 3-3 列出了编译和链接 C/C++程序常用的文件扩展名。

表 3-3 编译和链接 C/C++程序常用的文件扩展名

文件扩展名	文件类型
.a	静态库，由目标文件构成的文件库
.c	C 语言源代码文件，必须经过预处理
.C、.cc 或.cxx	C++源代码文件，必须经过预处理
.h	C/C++语言源代码的头文件
.i	.c 文件经过预处理后得到的C 语言源代码文件
.ii	.C、.cc 或.cxx 源代码经过预处理得到的C++源代码文件
.o	目标文件，是编译过程得到的中间文件
.s	汇编语言文件，是.i 文件编译后得到的中间文件
.so	共享对象库，也称动态库

3.4.2 GCC 语法格式

GCC 初识（扫一扫看视频）

GCC 基本的语法格式如下：

```
# gcc  [编译选项] [文件名]
```

最常用的编译选项是“-o”，用来指定生成的目标文件名称，其格式如下：

```
# gcc  -o [目标文件名] [源程序文件名]
```

如果不用“-o”选项，则 GCC 默认生成的可执行文件名为 a.out。

下面利用 GCC 编译程序 hello.c。

```
/* hello.c */
#include <stdio.h>
int main(void)
{
printf( “hello,gcc!\n” );
return 0;
}
```

GCC 编译与程序运行结果如图 3-6 所示。

```
xitee@ubuntu:~$ gcc -o hello hello.c
xitee@ubuntu:~$ ./hello
hello,gcc!
```

图 3-6　GCC 编译与程序运行结果

3.4.3　GCC 编译过程

从 hello.c 文件到 hello(a.out)文件，历经了 hello.i 文件、hello.s 文件、hello.o 文件，分别执行了预处理、编译、汇编和链接四个步骤，整个过程如图 3-7 所示。

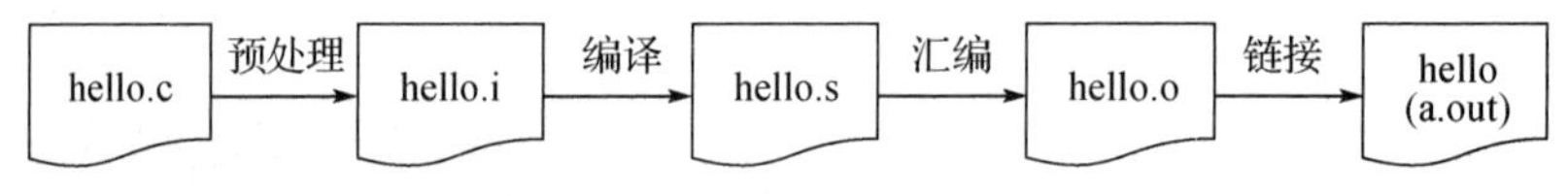

图 3-7　hello.c 编译全过程

这四个步骤大致的工作内容如下：

（1）预处理：C 语言编译器对各种预处理命令进行处理，包括头文件处理、宏定义的扩展、条件编译的选择等。

（2）编译：将预处理得到的源代码文件进行“翻译转换”，产生机器语言的目标程序，得到机器语言的汇编文件。

（3）汇编：将汇编代码翻译成机器码，但仍不可运行。

（4）链接：处理可复位文件，把各种符号引用和符号定义转换成为可执行文件中的合适信息，通常采用虚拟地址。

3.4.4　GCC 编译控制选项

GCC 的警告和优化选项（扫一扫看视频）

GCC 库和头文件选项（扫一扫看视频）

GCC 大约有 100 个编译控制选项，使得 GCC 可以根据不同的参数进行不同的编译处理，但实际使用中并不会用到这么多选项和参数。这里只介绍一些常用的编译控制选项和参数，如表 3-4 所示。

表 3-4　GCC 常用的编译控制选项和参数

名　　称	功能描述
-c	只编译不链接。编译器只是将输入的以.c 等为扩展名的源代码文件编译为以.o 为扩展名的目标文件，通常用于编译不包含主程序的子程序文件
-S	只对文件进行编译，不进行汇编和链接
-E	只对文件进行预处理，不进行编译、汇编和链接
-o output_filename	确定输出文件的名称为output_filename，这个名称不能和源文件同名，如果不给出这个选项，GCC 就给出预设的可执行文件a.out
-g	产生符号调试工具（GNU 的GDB）所必需的符号信息，要想对源代码进行调试，就必须加入这个选项。g 选项分等级，默认-g2、-g1 是最基本的，-g3 包含宏信息
-DFOO=BAR	在命令行定义预处理宏FOO，值为BAR
-O	对程序进行优化编译、链接。采用这个选项，整个源代码会在编译、链接过程中进行优化处理，这样产生的可执行文件的执行效率可以提高，但是，编译、链接的速度就相应地慢一些
-ON	指定代码的优化等级为 N，取值为 0、1、2、3；O0 表示没有优化，O3 的优化级别最高
-Os	使用了-O2 的优化部分选项，同时对代码尺寸进行优化
-I dirname	将dirname 目录加入程序头文件搜索目录列表中，是在预编译过程中使用的参数
-L dirname	将dirname 目录加入库文件的搜索目录列表中
-l FOO	链接名为libFOO 的函数库
-static	链接静态库
-ansi	支持ANSI/ISO C 标准语法，取消GNU 的语法中与该标准相冲突的部分
-w	关闭所有警告，不建议使用
-W	开启所有GCC 能提供的警告
-werror	将所有警告转换为错误，开启该选项，遇到警告会中止编译
-v	GCC 编译执行时的详细过程，GCC 及其相关程序的版本号

3.5 GDB 调试工具

拓展阅读请扫二维码

3.5.1 GDB 介绍

GDB（the GNU Project Debugger）是 GNU 发布的一个功能强大的 UNIX 程序调试工具，可以调试 Ada、C、C++、Objective-C 和 Pascal 等多种语言编写的程序，可以在大多数 UNIX 和 Windows 操作系统及其变种上运行。GDB 既可以进行本地调试，也可以进行远程调试。

GDB 可以在命令行下启动，通过命令行对程序进行调试；GDB 也有自己的图形前端，如 DDD（命令行调试程序）。无论通过何种方式启动 GDB，GDB 都能够对程序进行如下调试：

（1）运行程序，还可以给程序加上某些参数，指定程序的行为。

（2）使程序在特定的条件下停止运行。

（3）检查程序停止时的运行状态。

（4）改变程序的参数，以纠正程序中的错误。

3.5.2 GDB 基本命令

使用 GDB 调试的程序，需要在编译时使用-g 参数，编译成功后，使用 GDB 命令进入调试界面。在调试界面中，使用 GDB 命令进行调试。GDB 命令很多，GDB 基本命令如表 3-5 所示。

表 3-5 GDB 基本命令

命 令	描 述
break	设置断点：break +要设置断点的行号
clear	清除断点：clear +要清除断点的行号
delete	用于清除断点和自动显示表达式的命令
disable	让所设断点暂时失效。如果要让多个编号处的断点失效，可将编号之间用空格隔开
enable	与 disable 命令相对
continue	继续执行正在调试的程序
file	装入想要调试的可执行文件
kill	终止正在调试的程序
list	列出产生执行文件的源代码的一部分
next	执行一行源代码但不进入函数内部
step	执行一行源代码而且进入函数内部
run	执行当前被调试的程序
quit	终止GDB
watch	监视一个变量的值而不管它何时被改变
make	在GDB 中重新产生可执行文件
shell	在 GDB 中执行 UNIX shell 命令

3.5.3 GDB 调试范例

```
/*numrevert.c*/
#include<stdio.h>
void NumRevert(int Num)
{
while(Num>10)
    {
printf("%d",Num%10);
Num = Num/10;
    }
printf("%d\n",Num);
}
void main(void)
{
int Num;
    printf("Please input a number:");
    scanf("%d",&Num);
    printf("After revert:");
    NumRevert(Num);
}
```

首先使用以下命令将 numrevert.c 编译为可进行 GDB 调试的可执行程序 numrevert。

```
gcc  -g numrevert.c -o numrevert
```

其次输入“gdb numervert”命令进入 GDB 调试界面。在调试界面中依次输入“break NumRevert”“break 10”“break 8”，在 NumRevert 函数的第 10 行和第 8 行设置三个断点。然后输入“info break”命令，列出所有断点信息。接着输入“r”命令开始运行函数，遇到第一个断点后输入“c”继续运行；遇到第二个断点后输入“print Num”，输出变量“Num”的数值；遇到第三个断点后输入“c”继续运行。程序运行完成后，输入“quit”退出 GDB 调试。运行结果如图 3-8～图 3-10 所示。

```
root@ubuntu:/home/xitee/qt1# gcc -g numrevert.c -o numrevert
root@ubuntu:/home/xitee/qt1# gdb numrevert
GNU gdb (Ubuntu/Linaro 7.4-2012.04-0ubuntu2.1) 7.4-2012.04
Copyright (C) 2012 Free Software Foundation, Inc.
License GPLv3+: GNU GPL version 3 or later <http://gnu.org/licenses/gpl.html>
This is free software: you are free to change and redistribute it.
There is NO WARRANTY, to the extent permitted by law.  Type "show copying"
and "show warranty" for details.
This GDB was configured as "x86_64-linux-gnu".
For bug reporting instructions, please see:
<http://bugs.launchpad.net/gdb-linaro/>...
Reading symbols from /home/xitee/qt1/numrevert...done.
(gdb) l
5               {
6                       printf("%d",Num%10);
7                       Num = Num/10;
8               }
9               printf("%d\n",Num);
10      }
11      void main(void)
12      {
13              int Num;
14              printf("Please input a number:");
```

图 3-8　GDB 调试运行结果一

```
(gdb) l
15              scanf("%d",&Num);
16              printf("After revert:");
17              NumRevert(Num);
18      }
(gdb) break NumRevert
Breakpoint 1 at 0x40056f: file numrevert.c, line 4.
(gdb) break 10
Breakpoint 2 at 0x4005e2: file numrevert.c, line 10.
(gdb) break 8
Breakpoint 3 at 0x4005cb: file numrevert.c, line 8.
(gdb) info break
Num     Type           Disp Enb Address            What
1       breakpoint     keep y   0x000000000040056f in NumRevert
                                                   at numrevert.c:4
2       breakpoint     keep y   0x00000000004005e2 in NumRevert
                                                   at numrevert.c:10
3       breakpoint     keep y   0x00000000004005cb in NumRevert
                                                   at numrevert.c:8
(gdb) r
Starting program: /home/xitee/qt1/numrevert
Please input a number:100

Breakpoint 1, NumRevert (Num=100) at numrevert.c:4
4               while(Num>10)
(gdb) c
Continuing.

Breakpoint 3, NumRevert (Num=10) at numrevert.c:9
9               printf("%d\n",Num);
(gdb) print Num
$1 = 10
```

图 3-9　GDB 调试运行结果二

```
(gdb) c
Continuing.
After revert:010

Breakpoint 2, NumRevert (Num=10) at numrevert.c:10
10      }
(gdb) c
Continuing.
[Inferior 1 (process 4820) exited with code 03]
(gdb) quit
```

图 3-10　GDB 调试运行结果三

3.6 makefile 工程管理

在采用模块化编程思想进行软件开发时，一个工程要包含许多源文件，若只用 GCC 来完成编译工作将耗费很多时间，这时就需要用到 make 工具。make 是一款 Linux 系统下的程序自动维护工具，配合 makefile 文件一起完成编译工作。

当程序编写好后，需编写 makefile 文件（make 命令默认的命名一般为 makefile 或 Makefile），makefile 文件负责描述需要编译哪些源文件，以及源程序之间的相互关系。需要编译时，只需输入 make 命令，系统就会读取 makefile 文件的内容，根据程序的修改情况，自动判断应该对哪些模块进行重新编译，从而完成编译工作。

3.6.1　认识 makefile

认识 makefile（扫一扫看视频）

makefile 文件描述了整个工程的编译、链接等规则，其中包括：工程中的哪些源文件需要编译以及如何编译；需要创建哪些库文件以及如何创建；最后如何生成目标文件。makefile 文件需要严格按照某种语法进行编写，文件中需要说明如何编译各个源文件并链接生成可执行文件，同时定义源文件之间的依赖关系。

本节以一个简单的实例来介绍 makefile 文件的编写和 make 命令的使用。

例如，有 C 语言源代码文件为 hello.c，其源代码内容如下：

```
//hello.c
#include <stdio.h>
int main(void)
{
    printf("I  am  makefile!\n");
    return 0;
}
```

为其编写 makefile 文件如下：

```
hello:hello.o
        gcc  hello.o  -o  hello
hello.o:hello.c
        gcc  -c  hello.c  -o  hello.o
clean:
```

```
	rm  *.o  hello
```

注意：GCC 命令前不是空格，而是按下 Tab 键产生的制表符号位。

将其和源文件 hello.c 保存在同一个目录下，文件名保存为 Makefile，没有扩展名。然后在终端执行 make 命令，运行结果如图 3-11 所示。

```
root@ubuntu:~/prog# ls
hello.c  Makefile
root@ubuntu:~/prog# make
gcc  -c  hello.c  -o  hello.o
gcc  hello.o  -o  hello
root@ubuntu:~/prog# ls
hello  hello.c  hello.o  Makefile
root@ubuntu:~/prog# ./hello
I  am  makefile!
root@ubuntu:~/prog# make clean
rm  *.o  hello
root@ubuntu:~/prog# ls
hello.c  Makefile
root@ubuntu:~/prog#
```

图 3-11　使用 makefile 编译运行结果

make 命令执行后用 ls 命令查看已生成的可执行文件 hello。

从以上例子可以看出，makefile 是 make 命令读入的配置文件，它由若干个规则组成，用于说明如何生成一个或多个目标文件，每个规则的格式如下：

目标：依赖文件

<Tab 键> 命令

目标是需要由 make 工具创建的目标体，通常是目标文件或可执行文件。依赖文件是要创建的目标体所依赖的文件。命令是创建每个目标体时需要运行的命令。注意：命令一定要以 Tab 键作为开始。

上例中需要创建的最终目标体是可执行文件 hello，其需要的依赖文件为 hello.o，执行的命令为 GCC 编译指令：gcc hello.o -o hello。而依赖文件 hello.o 需要由源文件 hello.c 生成，因此又有了“hello.o:hello.c”，即 hello.o 依赖于 hello.c，其执行命令为 GCC 编译指令：gcc -c hello.c -o hello.o。这是一个由可执行文件到源文件递推的过程，从 make 命令的执行结果可以看到，make 命令执行的过程是逆向的，makefile 先执行了“hello.o”对应的命令语句，并生成了“hello.o”目标体；然后由目标文件 hello.o 生成了可执行文件 hello。

在 makefile 中把那些没有任何依赖，只有执行动作的目标称为“伪目标”（Phony Targets）。上例中“clean”就是伪目标，其作用是执行命令“make clean”，将生成的中间文件和最终可执行文件删除。

使用 make 命令的格式为 make [目标]，这样 make 命令就会自动读入 makefile 文件，找到需要执行的目标，在依赖文件列表里检查是否所有依赖关系都存在并且是最新的，如果是，则执行目标对应的命令语句，否则就会报错。

3.6.2　简单计算器程序的 makefile 文件编写

下面通过一个简易计算器实例来进一步介绍 makefile 文件的编写及 make 命令与 makefile 文件的关系。在一个工程中有 1 个头文件和 5 个 C 语言程序文件。

实现加法功能的程序 add.c 源代码如下：

```
/****add.c*****/
#include <stdio.h>
float add(float a, float b)
{
float c;
c = a + b;
        printf("the add result is %f\n", c);
        return c;
}
```

实现减法功能的程序 sub.c 源代码如下：

```
/****sub.c*****/
#include <stdio.h>
float sub(float a, float b)
{
    float c;
    c = a - b;
    printf("the subtraction result is %f\n", c);
    return c;
}
```

实现乘法功能的程序 mul.c 源代码如下：

```
/****mul.c*****/
#include <stdio.h>
float mul(float a, float b)
{
        float c;
        c = a*b;
        printf("the mul result is %f\n", c);
        return c;
}
```

实现除法功能的程序 div.c 源代码如下：

```
/****div.c*****/
#include <stdio.h>
float div(float a, float b)
{
    if(b != 0)
    {
        printf("the div result is %f\n", a / b);
        return (a / b);
    }
else
    {
        printf("the div result is error\n");
    }
}
```

主程序 main.c 源代码如下：

```
/****main.c*****/
#include "stdio.h"
#include "arimtc.h"
void main()
{
    float x, y, z;
    char op;
    printf("Please enter an arithmetic formula: a + b");
    scanf("%f  %c  %f", &x, &op, &y);
    switch (op)
    {
        case '+': z = add(x,y); break;
        case '-': z = sub(x, y); break;
        case '*': z = mul(x, y); break;
        case '/': z = div(x, y); break;
        default: z = 0;
    }
    if ((int) z)
        printf("%f %c %f = %f\n", x, op, y, z);
    else
        printf("%c is not an operator\n",op);
}
```

头文件 arimtc.h 源代码如下：

```
/****arimtc.h*****/
float add(float, float);
float sub(float, float);
float mul(float, float);
float div(float, float);
```

以上程序由 1 个主程序文件、4 个子程序文件和 1 个头文件组成，编写的 makefile 文件如下：

```
calculator:main.o add.o sub.o mul.o div.o
    gcc main.o add.o sub.o mul.o div.o -o calculator
main.o:main.c arimtc.h
    gcc  -c main.c -o main.o
add.o:add.c
    gcc -c add.c -o add.o
sub.o:sub.c
    gcc -c sub.c -o sub.o
mul.o:mul.c
    gcc -c mul.c -o mul.o
div.o:div.c
    gcc -c div.c -o div.o
clean:
    rm *.o calculator
```

把上述内容保存为 makefile 文件，然后在该目录下直接输入 make 命令就可以生成可执行文件 calculator。如果要删除可执行文件和所有的中间目标文件，只要执行“make clean”命令就可以了。

在上述 makefile 文件中，包含如下内容：可执行文件 calculator 和各个中间目标文件（.o 文件）及各自的依赖文件。calculator 的依赖文件为 main.o、add.o、sub.o、mul.o、div.o，中间目标文件 main.o 的依赖文件为冒号后面的 main.c 和 arimtc.h，中间目标文件 add.o 的依赖文件为冒号后面的 add.c，以此类推。每一个.o 文件都有一组依赖文件，而这些.o 文件又是可执行文件 calculator 的依赖文件。

当输入 make calculator 命令时，系统会进行如下工作：

步骤 1：在当前目录下寻找名字为 makefile 的文件。

步骤 2：寻找 makefile 文件中的第一个目标文件。例如，在上面的例子中，make 命令找到 calculator 这个文件，并把这个文件作为最终的目标文件；如果 calculator 这个文件不存在，或是 calculator 文件所依赖的.o 文件的修改时间要比 calculator 文件晚，则执行后面所定义的命令来生成 calculator 文件。

步骤 3：如果 calculator 所依赖的.o 文件也不存在，make 命令会在当前文件中找到目标为.o 文件的依赖文件，如果找到（相应的.c 文件和.h 文件存在），则会根据规则生成.o 文件；如果依赖文件不存在，则报错。

步骤 4：此时，所有的.o 文件都已经生成，回到第 1 行，用.o 文件生成 make 命令的最终结果，也就是可执行文件 calculator。

上述过程体现了 make 命令的依赖性，make 命令会一层又一层地去寻找文件的依赖关系，直到最终编译出第一个目标文件。在寻找的过程中，如果出现错误，如最后被依赖的文件找不到，make 命令就会直接退出并报错。而如果所定义的命令出现错误，或是编译不成功，make 命令就不做处理。如果在 make 命令找到了依赖关系之后，冒号后面的依赖文件不存在，则 make 命令将不执行。

在上述程序和 makefile 文件的同一目录下输入 make 命令，程序运行结果如图 3-12 所示。

```
root@ubuntu:~/ch3# make
gcc  -c main.c -o main.o
gcc -c add.c -o add.o
gcc -c sub.c -o sub.o
gcc -c mul.c -o mul.o
gcc -c div.c -o div.o
gcc main.o add.o sub.o mul.o div.o -o calculator
```

图 3-12　程序运行结果

执行 ls 命令，查看已生成的可执行文件 calculator，程序运行结果如图 3-13 所示。

```
root@ubuntu:~/ch3# ./calculator
Please enter an arithmetic formula:11.5+12.5
the add result is 24.000000
11.500000 + 12.500000 = 24.000000
root@ubuntu:~/ch3# ./calculator
Please enter an arithmetic formula:12.3/3
the div result is 4.100000
12.300000 / 3.000000 = 4.100000
```

图 3-13　程序运行结果

在编程中，若这个工程已被编译过，如修改了其中一个源文件（如 div.c），根据 make 命令的依赖性，由于 div.o 依赖于 div.c，div.c 更新了，div.o 会被重新编译。同样的，calculator 文件的依赖文件之一是 div.o，当 div.o 更新时，由于其修改时间比 calculator 文件的修改时间晚，所以，calculator 文件也会被重新链接。

只修改 div.c 文件时，make 命令的执行结果如图 3-14 所示。

另外，需要注意的是 makefile 文件的注释内容以“#”开头，如果一行写不完则可使用反斜杠“\”换行续写，增加注释可以使 makefile 文件更易读。

```
root@ubuntu:~/ch3# vim div.c
root@ubuntu:~/ch3# make
gcc    -c -o div.o div.c
gcc main.o add.o sub.o mul.o div.o -o calculator
root@ubuntu:~/ch3# ls
add.c  arimtc.h    div.c  main.c  makefile   makefile2  mul.o  sub.o
add.o  calculator  div.o  main.o  makefile1  mul.c      sub.c
```

图 3-14　make 命令的执行结果

3.6.3　makefile 变量

makefile 变量使用
（扫一扫看视频）

为了进一步简化 makefile 文件的编写和维护过程，make 命令允许在 makefile 文件中定义一系列的变量，变量一般是字符串，当 makefile 被执行时，其中的变量会被扩展到相应的引用位置，类似于 C 语言的宏。变量定义的一般形式如下：

变量名=变量值

变量名是在 makefile 文件中定义的名字，用来代替一个文本字符串，该文本字符串称为该变量的值，这些值可以代替目标体、依赖文件、命令及 makefile 文件中的其他部分。变量名习惯上只使用字母、数字和下划线，并且不以数字开头，当然也可以是其他字符，但不能使用“:”、“#”、“=”和空格。变量名大小写敏感，如变量名“foo”、“FOO”和“Foo”代表不同的变量。在 makefile 文件中，推荐使用小写字母作为变量名，预留大写字母作为控制隐含规则参数或用户重载命令选项参数的变量名。

当定义了一个变量时，在 makefile 文件中引用方式均为$（变量名），即把变量用括号括起来，并在前面加上“$”。例如，引用变量 foo 就可以写成$ (foo)。

假设这里用 OBJS 代替 main.o、add.o、sub.o、mul.o、div.o，用 CC 代替 gcc。经变量替换后的 makefile 文件如下：

```
OBJS = main.o add.o sub.o mul.o div.o
CC = gcc
calculator: $(OBJS)
    $(CC) $(OBJS) -o calculator
main.o:main.c arimtc.h
    $(CC) -c main.c -o main.o
add.o:add.c
    $(CC) -c add.c -o add.o
sub.o:sub.c
    $(CC) -c sub.c -o sub.o
mul.o:mul.c
    $(CC) -c mul.c -o mul.o
div.o:div.c
    $(CC) -c div.c -o div.o
clean:
    rm *.o calculator
```

由以上内容可知，如果有新的.o 文件加入，只需修改 OBJS 变量就可以。因此，在

makefile 文件中使用变量使 makefile 文件更容易维护。

由于常见的 GCC 编译语句中通常包含了目标文件和依赖文件，而这些文件在 makefile 文件中目标体一行已经有所体现，因此，为了进一步简化 makefile 文件的编写，引入了自动变量。自动变量通常可以代表编译语句中出现的目标文件和依赖文件等，表 3-6 列出了 makefile 文件中常见的自动变量。

表 3-6 makefile 文件中常见的自动变量

命令格式	含 义
$*	不包含扩展名的目标文件名称
$+	所有的依赖文件以空格分开，并以出现的先后为顺序，可能包含重复的依赖文件
$<	第一个依赖文件的名称
$?	所有时间戳比目标文件晚的依赖文件，并以空格分开
$@	当前目标文件的完整名称
$^	所有不重复的依赖文件，并以空格分开
$%	如果目标是归档成员，则该变量表示目标的归档成员名称

自动变量的名称比较难记，自动变量“$@”和“$^”对于初学者来说可能增加了阅读的难度，但是熟练之后就会发现自动变量不但非常方便，而且增加了 makefile 文件编写的灵活性。下面是使用自动变量对上述 makefile 文件进行改写的结果。

```
OBJS = main.o add.o sub.o mul.o div.o
CC = gcc
calculator: $(OBJS)
    $(CC) -c $< -o $@
main.o:main.c arimtc.h
    $(CC) -c $< -o $@
add.o:add.c
    $(CC) -c $< -o $@
sub.o:sub.c
    $(CC) -c $< -o $@
mul.o:mul.c
    $(CC) -c $< -o $@
div.o:div.c
    $(CC) -c $< -o $@
clean:
    rm *.o calculator
```

从 makefile 文件可以看出，.o 文件生成的方式都是相同的，因此，makefile 文件可进一步简化。

```
OBJS = main.o add.o sub.o mul.o div.o
CC = gcc
calculator: $ (OBJS)
    $(CC) $^ -o $@
*o:*.c:
    $(CC) -c $< -o $@
clean:
    rm *.o calculator
```

3.7 文件操作

拓展阅读请扫二维码

Linux 内核把所有硬件设备都映射为文件，因此 Linux 系统的文件主要有四种：目录文件、普通文件、链接文件和设备文件。其中，目录文件、普通文件和设备文件都使用同样的文件操作方法。所有设备和文件都是用文件描述符进行操作的。文件描述符是打开或创建文件成功时系统返回的一个非负整数，对文件或设备进行读、写等操作时，需将该文件描述符作为参数传输给相应的函数，系统即可关联对应的文件或者设备。

3.7.1 文件打开和关闭

文件打开和关闭（扫一扫看视频）

1．open 函数

open 函数用于打开或者创建文件，并在打开或者创建文件时传入该函数指定的打开方式和文件创建的属性。

使用 open 函数需包含以下头文件：

```
#include <sys/types.h>
#include <sys/stat.h>
#include <fcntl.h>
```

函数原型如下：

```
int open(const char *pathname, int flags);
int open(const char *pathname, int flags, mode_t mode);
```

如果操作成功，open 函数将返回一个文件描述符，为非负整数；如果操作失败，则返回-1。

输入参数如下：

（1）pathname：被打开/创建的文件名，可包含文件所在的路径，如“1.txt”“/root/test.txt”等。

（2）flags：文件打开的方式，可为表 3-7 所示的一种或多种，可通过“|”组合构成。

表 3-7 文件打开的方式

flags	含 义
O_RDONLY	以只读方式打开文件，其中 RDONLY、O_WRONLY、O_RDWR 三者不可以同时使用
O_WRONLY	以只写方式打开文件
O_RDWR	以可读写方式打开文件
O_CREAT	若欲打开的文件不存在，则自动建立该文件
O_EXCL	如果同时使用 O_CREAT 标志，此指令会检查文件是否存在，文件若不存在，则建立该文件，否则会返回错误
O_NOCTTY	以非阻塞的方式打开文件
O_TRUNC	若文件存在并以可写方式打开，则将原来的文件内容删除
O_APPEND	追加方式，即所写入的数据会以附加的方式加入文件后面

（3）mode：当 flags 中含有 O_CREAT 时表示创建新的文件，mode 参数用于指定文件创建的存取权限，使用八进制表示，如表 3-8 所示。

表 3-8　文件创建方式

mode	含　义
S_IRUSR	用户可以读
S_IWUSR	用户可以写
S_IXUSR	用户可以执行
S_IRWXU	用户可以读、写、执行
S_IRGRP	组可以读
S_IWGRP	组可以写
S_IXGRP	组可以执行
S_IRWXG	组可以读、写、执行
S_IROTH	其他人可以读
S_IWOTH	其他人可以写
S_IXOTH	其他人可以执行
S_IRWXO	其他人可以读、写、执行
S_ISUID	设置用户执行 ID
S_ISGID	设置组的执行 ID

2．close 函数

close 函数用于关闭文件。

使用 close 函数需包含以下头文件：

```
#include <unistd.h>
```

函数原型如下：

```
int close(int fd);
```

close 函数操作成功时返回 0，如果操作失败，则返回-1，表示出错。

输入参数 fd 表示 open 函数打开返回的文件描述符。

3．实例

文件打开和关闭程序实例如下：

```
//fileopen.c
#include <sys/types.h>
#include <sys/stat.h>
#include <fcntl.h>
#include <unistd.h>
#include <stdio.h>
int main()
{
    char *filename = "test.c";
    int fd = open(filename, O_EXCL|O_CREAT, S_IWUSR|S_IRUSR );
    if(fd < 0)
     {
```

```
        printf("open %s fail!\n",filename);
        return -1;
    }
    else
    {
        printf("open %s success!",file_name);
          close(fd);
    }
}
```

程序运行结果如图 3-15 所示，程序使用了 O_EXCL 和 O_CREAT 参数，检查 test.c 文件是否存在，如果文件不存在，则新建文件，该文件具有可读写属性。第二次运行程序时，如果程序检查到文件已经存在，则不再新建文件，返回一个错误。

```
root@ubuntu:~/prog# ls
fileopen.c
root@ubuntu:~/prog# gcc fileopen.c -o fileopen
root@ubuntu:~/prog# ls
fileopen  fileopen.c
root@ubuntu:~/prog# ./fileopen
open test.c success!
root@ubuntu:~/prog# ll
总用量 24
drwxr-xr-x  2 root root 4096 12月 20 16:52 ./
drwx------ 11 root root 4096 12月 20 16:36 ../
-rwxr-xr-x  1 root root 8712 12月 20 16:52 fileopen*
-rw-r--r--  1 root root  390 12月 20 16:41 fileopen.c
-rw-------  1 root root    0 12月 20 16:52 test.c
root@ubuntu:~/prog# ./fileopen
open test.c fail!
root@ubuntu:~/prog#
```

图 3-15　文件打开和关闭程序运行结果

3.7.2　文件读写

read 函数（扫一扫看视频）

1．read 函数

read 函数用于从打开的文件中读取数据。

使用 read 函数需包含以下头文件：

```
#include <unistd.h>
```

函数原型如下：

```
ssize_t read(int fd, void *buf, size_t length);
```

read 函数返回的值为真正读取到的字符个数，返回-1 表示读取失败，返回 0 表示已经读到文件尾。

输入参数如下：

（1）fd：读取的文件对应的文件描述符。

（2）buf：缓存区，用于保存从文件中读取到的数据。

（3）length：需要读取的字节数。

write 函数（扫一扫看视频）

2．write 函数

write 函数用于从打开的文件中写入数据。

使用 write 函数需包含以下头文件：

```
#include <unistd.h>
```

函数原型如下：

```
ssize_t write(int fd, const void *buf, size_t count);
```

write 函数返回的值为写入的字节数，返回-1 表示写入失败。

输入参数如下：

（1）fd：写入的文件对应的文件描述符。

（2）buf：缓存区，存放需要写入的数据。

（3）length：需要写入的字节数。

3．实例

文件读写程序实例如下：

```
//readwrite.c
#include <sys/types.h>      //类型
#include <sys/stat.h>       //获取文件属性
#include <fcntl.h>          //文件描述符操作
#include <unistd.h>
#include <stdio.h>
#include <string.h>
int main()
{
    int fd, len;
    char str[100]="Hello, this is read/write function!\n";
    char newstr[100]={0};
    fd = open("hello.txt", O_CREAT | O_RDWR, S_IRUSR | S_IWUSR);
    if (fd>0) {
        write(fd, str,strlen(str));
        close(fd);
    }
    fd = open("hello.txt", O_RDWR);     //以读写方式打开
    len = read(fd, newstr, 100);        /* 读取文件内容 */
    printf("%s\n", newstr);
    close(fd);
    return 0;
}
```

程序运行结果如图 3-16 所示。

```
root@ubuntu:~/prog# ls
readwrite.c
root@ubuntu:~/prog# gcc readwrite.c -o readwrite
root@ubuntu:~/prog# ls
readwrite  readwrite.c
root@ubuntu:~/prog# ./readwrite
Hello, this is read/write function!

root@ubuntu:~/prog# ls
hello.txt  readwrite  readwrite.c
root@ubuntu:~/prog#
```

图 3-16　文件读写程序运行结果

3.7.3　文件定位

1．lseek 函数

使用 lseek 函数实现文件定位，指定文件中读写的位置。

使用 lseek 函数需包含以下头文件：

```
#include <unistd.h>
#include <unistd.h>
```

函数原型如下：

```
off_t  lseek(int fd, offset_t offset, int whence);
```

lseek 函数返回的值为文件读写指针距文件开头的字节数，如出错，则返回-1。

输入参数如下：

（1）fd：要操作的文件描述符。

（2）offset：相对于 whence 的偏移量，正数表示向后移动，负数表示向前移动。

（3）whence：偏移量的相对位置。SEEK_SET 表示相对文件开头，SEEK_CUR 表示相对文件读写指针的当前位置，SEEK_END 表示相对文件末尾。

2．实例

实例 fileseek.c 中，程序首先定位到距离 hello.txt 文件开头 6 个字节的位置，读取 4 个字节的数据，然后相对当前位置向前跳转 2 个字符，再读取 4 个字节的数据，最后定位到文件的末尾，函数返回文件的长度。程序运行结果如图 3-17 所示。

```
//fileseek.c
#include <sys/types.h>
#include <sys/stat.h>
#include <fcntl.h>
#include <unistd.h>
#include <stdio.h>

void main()
{
    int fd, filelen,readlen;
    char  newstr[10]={'\0'};

    fd = open("hello.txt", O_RDWR); //以读写方式打开
    lseek(fd,6,SEEK_SET);
    readlen = read(fd, newstr, 4); /* 定位 */
    printf("%s\n", newstr);

    lseek(fd,-2,SEEK_CUR);
    readlen = read(fd, newstr, 4);
    printf("%s\n", newstr);

    filelen=lseek(fd,0,SEEK_END);/* 定位 */
    printf("filelength is %d\n", filelen);
```

```
    close(fd);
}
```

```
root@ubuntu:~/prog# ls
fileseek  fileseek.c  hello.txt
root@ubuntu:~/prog# cat hello.txt
Hello, this is read/write function!root@ubuntu:~/prog#
root@ubuntu:~/prog# ./fileseek
 thi
his
filelength is 35
root@ubuntu:~/prog#
```

图 3-17　文件定位程序运行结果

3.7.4　设备控制接口

1. ioctl 函数

ioctl 是设备驱动程序中的一个设备控制接口函数，对设备的 I/O 通道进行管理，通常对设备除读写外的一些特性进行控制，如 PWM 频率的设置、串口的波特率设置等，如需要扩展新的功能，也常通过增设 ioctl() 命令的方式实现。该函数常配合具体驱动程序使用，可与第 5 章基于嵌入式 Linux 系统的驱动程序设计相关内容一起学习。

使用 ioctl 函数需包含以下头文件：

```
#include <sys/ioctl.h>
```

函数原型如下：

```
int ioctl(int fd, int cmd, ...) ;
```

ioctl 函数执行成功时返回 0，出错则返回-1。

输入参数如下：

（1）fd：要操作的文件描述符。

（2）cmd：设备要完成的操作。

（3）arg：可变参数，依赖 cmd 指定长度及类型。

2. 实例

实例 fileioctl.c 中，程序先打开屏幕设备文件/dev/fb0，接着通过 ioctl 函数分别传入 FBIOGET_FSCREENINFO 和 FBIOGET_VSCREENINFO 命令，获取屏幕的固定信息和可变信息。程序运行结果如图 3-18 所示。

```
//fileioctl.c
#include <sys/types.h>
#include <sys/stat.h>
#include <fcntl.h>
#include <unistd.h>
#include <stdio.h>
#include <sys/ioctl.h>
#include <linux/fb.h>
int main()
{
```

```
    int fd;
    struct fb_fix_screeninfo finfo;
    struct fb_var_screeninfo vinfo;

    fd = open("/dev/fb0", O_RDWR);
    if(fd<0)
    {
        printf("open /dev/fb0 failed!\n");
        return -1;
    }
    if(ioctl(fd,FBIOGET_FSCREENINFO,&finfo)<0)
    {
        printf("can't get FBIOGET_FSCREENINFO\n");
        close(fd);
        return -1;
    }
    printf("id:%s\ntype:%d\n",finfo.id,finfo.type);

    if(ioctl(fd,FBIOGET_VSCREENINFO,&vinfo)<0)
    {
        printf("can't get FBIOGET_VSCREENINFO\n");
        close(fd);
        return -1;
    }
    printf("xres:%d\nyres:%d\nbits_per_pixel:%d\n",vinfo.xres,vinfo.yres,vinfo.bits_per_pixel);

    close(fd);
}
```

```
root@ubuntu:~/prog# gcc fileioctl.c -o fileioctl
root@ubuntu:~/prog# ./fileioctl
id:svgadrmfb
type:0
xres:800
yres:600
bits_per_pixel:32
root@ubuntu:~/prog#
```

图 3-18　程序运行结果

3.8 多线程编程

多线程是一种多任务、并发的工作方式，Linux 系统下的多线程遵循 POSIX 线程接口标准。Linux 系统下编写多线程程序，需要使用头文件 pthread.h，链接时需要使用 libpthread.a 库文件。

1．创建线程函数 pthread_create

函数原型如下：

```
int pthread_create((pthread_t *thread, pthread_attr_t *attr,
void *(*start_routine)(void)), void *arg);
```

如创建线程成功，则 pthread_create 函数返回 0，否则返回对应的错误码。

输入参数如下：

（1）thread：线程标识符。

（2）attr：线程属性设置，通常取为 NULL。

（3）start_routine：线程函数的指针，以 void*作为参数和返回值的函数指针。

（4）arg：传递给 start_routine 的参数。

2．线程终止函数 pthread_exit

结束线程的方法一般有两种，一种方法是函数结束，调用它的线程也随之结束；另一种方法是通过函数 pthread_exit 结束线程。

函数原型如下：

```
void pthread_exit(void *retval);
```

输入参数如下：

retval：线程结束时的返回值，可由其他函数如 pthread_join()来获取。

3．线程等待函数 pthread_join

用于阻塞调用线程，直到指定的线程结束。

函数原型如下：

```
int pthread_join(pthread_t th,void **thread_return);
```

如成功则返回 0，否则返回-1。

输入参数如下：

（1）th：等待退出的线程的标识符。

（2）thread_return：线程退出的返回值的指针。

4．线程取消函数 pthread_cancel

函数原型如下：

```
int pthread_cancel(pthread_t th);
```

如线程取消成功，则返回 0，否则返回对应的错误码。

输入参数如下：

th：要取消的线程的标识符。

5．实例

```
//thread.c
#include <pthread.h>
#include <stdio.h>
#include <sys/time.h>
#include <string.h>
```

```
#define MAX 3
pthread_t thread[2];
pthread_mutex_t mut;
int number=0, i;

void *thread1()
{
    printf ("I'm thread 1\n");
    for (i = 0; i < MAX; i++)
    {
        printf("thread1 : number = %d\n",number);
        pthread_mutex_lock(&mut);
        number++;
        pthread_mutex_unlock(&mut);
        sleep(2);
    }
    printf("thread1 :主函数在等待完成任务吗? \n");
    pthread_exit(NULL);
}

void *thread2()
{
    printf("I'm thread 2\n");
    for (i = 0; i < MAX; i++)
    {
        printf("thread2 : number = %d\n",number);
        pthread_mutex_lock(&mut);
        number++;
        pthread_mutex_unlock(&mut);
        sleep(3);
    }
    printf("thread2 :主函数在等待完成任务吗? \n");
    pthread_exit(NULL);
}
void thread_wait(void)     /*等待线程结束*/
{
    if(thread[0] !=0)
    {
        pthread_join(thread[0],NULL);
        printf("线程 1 结束了! \n");
    }
    if(thread[1] !=0)
    {
        pthread_join(thread[1],NULL);
        printf("线程 2 结束了! \n");
    }
}

int main()
{
    int temp;
```

```
    memset(&thread, 0, sizeof(thread));
    pthread_mutex_init(&mut,NULL);
    printf("主函数正在创建线程 1 和线程 2...\n");
    if((temp = pthread_create(&thread[0], NULL, thread1, NULL)) != 0)
        printf("线程 1 创建失败!\n");
    else
        printf("线程 1 被创建\n");

    if((temp = pthread_create(&thread[1], NULL, thread2, NULL)) != 0)
        printf("线程 2 创建失败");
    else
        printf("线程 2 被创建\n");

    printf("主函数在等待线程完成任务...\n");
    thread_wait();
    return 0;
}
```

程序运行结果如图 3-19 所示：

```
root@ubuntu:~/prog# ./thread
主函数正在创建线程1和线程2...
线程1被创建
线程2被创建
主函数在等待线程完成任务...
I'm thread 1
thread1 : number = 0
I'm thread 2
thread2 : number = 1
thread1 : number = 2
thread2 : number = 3
thread1 :主函数在等待完成任务吗？
线程1结束了！
thread2 :主函数在等待完成任务吗？
线程2结束了！
root@ubuntu:~/prog#
```

图 3-19　线程实例程序运行结果

3.9 习题

1．若当前用户所在目录为/root，请写出完成以下操作的命令：在该目录下新建目录 test 的命令为_______，然后进入 test 目录的命令为_______，之后将上级目录的 main.tar.gz 文件复制到当前目录下的命令为 _______，将 main.tar.gz 文件解压缩的命令为_______。

2．GCC 指定库文件选项的字母是_______，指定输出文件名的字母是_______。将同一个目录下的 test.c 和 libprog.a 文件编译为计算机上的可执行程序 test 的命令是_______。

3．Linux 系统中当前目录一般用_______表示，上级目录用_______表示。

4．Vim 文本编辑器的三种工作模式是_______、_______、_______。强制存盘退出命令是_______，不存盘强制退出命令是_______。

5．能够将 hello.c 文件编译为可执行程序文件的命令是_______，编译为目标文件（.o 文件）的命令是________。

6．GCC 编译工具的正确编译流程为（　　）。

A．预处理—编译—汇编—链接

B．预处理—编译—链接—汇编

C．预处理—链接—编译—汇编

D．编译—预处理—汇编—链接

7．makefile 文件中的命令必须以（　　）开始。

A．Tab 键　　　　B．#键

C．空格键　　　　D．&键

8．（　　）命令可以更改一个文件的权限设置。

A．attrib　　　　B．chmod

C．change　　　　D．file

9．若有以下程序代码，请编写 makefile 文件。

```
/* main.c */
#include "hello.h"
#include "printstar.h"
int main (void)
{
    hello();
    print_star(2,3);
    return 0;
}

/* hello.c */
#include <stdio.h>
int hello(void)
{
    printf ("Hello world!\n");
    return 0;
}

/* hello.h */
int hello(void);

/*printstar.c*/
#include <stdio.h>
include "printstar.h"
void print_star(unsigned m,unsigned n)
{
   unsigned i,j;
   for(i=0;i<m;i++)
   {
       for(j=0;j<n;j++)
          printf("*");
       printf("\n");
   }
   return;
}
```

```
/*printstar.h*/
void print_star(unsigned m,unsigned n);
```

10．利用 Vim 创建 file.txt 文件并在其中存放一段有 20 个以上英文单词的文本，编写程序把文件内容读出并显示，同时统计单词的个数。

11．利用 Vim 创建 old.txt 文件并存放若干英文文字，编写程序将其中的大小写字符互换，并将结果存放到新的文件 new.txt 中。

第4章 Qt应用程序开发

4.1 本章目标

思政目标

Qt/Embedded是一个跨平台的嵌入式图形用户界面开发框架，Qt应用程序开发需要跨平台思维和适应能力。通过本章的学习，读者应理解不同开发平台和环境的差异，培养跨平台思维和适应能力，能够在不同场景下灵活应用所学知识，并可通过自定义控件、优化性能等方式提升用户体验，激发自身的创新精神和探索欲望，勇于尝试新技术、新方法，争取为嵌入式GUI领域带来创新和突破。

学习目标

通过本章的学习，在了解常见GUI系统特点的基础上，读者应掌握以下内容：

1. Qt程序开发基础中的开发环境构建、Qt中的主要类、信号和槽机制、元对象系统；
2. 编译不同开发环境的Qt程序；
3. 智能家居控制系统终端GUI设计。

拓展阅读请扫二维码

4.2 嵌入式GUI概述

嵌入式GUI（图形用户界面）为嵌入式系统提供了一种应用于特殊场合的人机交互接口。嵌入式GUI要求简单、直观、可靠、占用资源小且反应快速，以适应系统硬件资源有限的条件。另外，由于嵌入式系统硬件本身的特殊性，嵌入式GUI应具备高度可移植性与可裁剪性，以适应不同的硬件条件和使用需求。总体来讲，嵌入式GUI具备以下特点：

（1）体积小；

（2）运行时耗用系统资源少；

（3）上层接口与硬件无关，高度可移植；

（4）高可靠性；

（5）在某些应用场合具备实时性。

嵌入式GUI作为嵌入式系统中的关键技术之一，在嵌入式领域的应用越来越广泛，嵌入式系统对GUI的要求也越来越高，可靠性高、实时性强、占用资源少、移植性强、可裁剪和软件开发简单等成为人们对GUI的一致要求。目前比较流行的嵌入式GUI有Qt/Embedded、MicroWindows和MiniGUI等。它们有各自的优缺点，但设计思想有很多相似之处。

嵌入式GUI一般采用分层结构设计，可分为三层，如图4-1所示。最高层的API（应用程序接口）层是GUI提供给用户的编程接口；中间的核心层是GUI最重要的部分，一般采用客户机/服务器（Client/Server）模式运行，配合相应的功能模块，如窗口管理模块和时钟管理模块等来实现所需的服务器功能；底层连接层为GUI平台体系的基础，负责连接驱动程序。

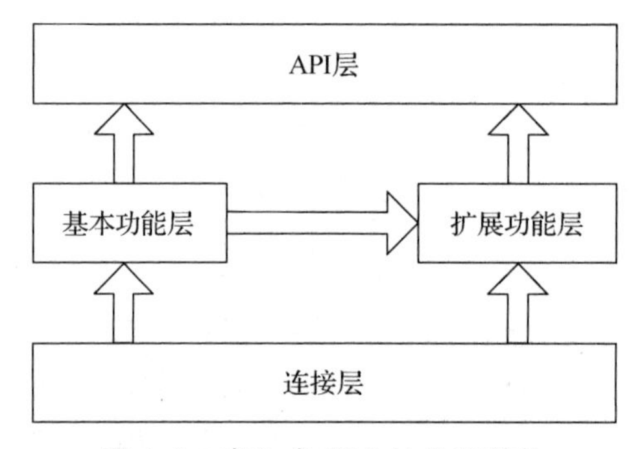

图4-1　嵌入式GUI的分层结构

GUI系统的主要功能集中在核心层。核心层可以分为两部分：基本功能层和扩展功能层。基本功能层是GUI系统的基本功能所在，决定了GUI系统的基本功能。基本功能层一般包括鼠标管理、定时器管理、光标管理、菜单管理、对话框类管理、控件类管理、GDI函数、消息管理、窗口管理、字符集支持、局部剪切域管理和一些其他功能。基本功能层是通用的，所有的GUI系统都需要包括该层。扩展功能层一般负责某种具体业务功能的实现，如工业控制领域内的波形显示、旋转和移动等功能，这一部分功能不具备通用性，一般需要用户自己开发。

用户使用核心层提供的功能必须通过API层，这层是为用户提供的调用接口层。通过API层，用户可以利用核心层提供的功能来实现自己的应用程序。

4.2.1　X窗口系统

X窗口系统（X-window System）常被称为X11或X，是一种以位图方式显示的软件窗口系统，源自1984年麻省理工学院的研究成果，之后成为UNIX、类UNIX及OpenVMS等操作系统一致适用的标准化软件工具包及显示架构的运作协议。X窗口系统通过软件工具及架构协议来建立操作系统所用的图形用户界面，此后逐渐扩展到各形各色的其他操作系统上。现在几乎所有的操作系统都能支持与使用 X 窗口系统。更重要的是，当今知名的桌面环境——GNOME（the GNU Network Object Model Environment，GNU 网络对象模型环境）和 KDE（K Desktop Environment，K 桌面环境），都是以 X 窗口系统为基础建构而成的。

4.2.2 MicroWindows

作为 X 窗口系统的替代品，MicroWindows 是一个著名的开放源代码的嵌入式 GUI 软件，目的是把现代图形视窗环境引入运行 Linux 系统的小型设备和平台上。MicroWindows 是专门在小型设备上开发具有高品质图形功能的开放式源代码桌面系统，有许多针对现代图形视窗环境的功能部件。它的结构设计使其可以方便地加入显示器、鼠标、触摸屏及键盘等设备，其内核所包含的代码允许用户程序将图形显示的内存空间作为 Framebuffer（帧缓冲区）进行存取操作，对显示设备进行写入、控制时，可以避免对内存映射区进行操作，使得用户在编写图形程序的时候不需要了解底层硬件。

4.2.3 MiniGUI

MiniGUI 是国内第一款面向嵌入式系统的 GUI 开源软件，它由魏永明先生在 1998 年开始开发。2002 年，魏永明先生创建北京飞漫软件技术有限公司，为 MiniGUI 提供商业技术支持，同时继续提供开源版本，飞漫软件是中国地区为开源社区贡献代码最多的软件企业。最后一个采用 GPL（GNU 通用公共许可证）授权的 MiniGUI 版本是 1.6.10，从 MiniGUI 2.0.4 开始，MiniGUI 被重写并使用商业授权。

MiniGUI 是一款性能优良、功能丰富的跨操作系统的嵌入式图形用户界面支持系统，它支持 Linux、eCos、μC/OS-II、VxWorks 和 ThreadX 等操作系统，并且支持 ARM-based SoCs、MIPS based SoCs、IA-based SoCs、PowerPC 等多种系统级芯片，广泛应用于医疗、通信、电力、工业控制、移动设备、多媒体终端等领域。

4.2.4 Qt/Embedded

Qt/Embedded 是著名的 Qt 库开发商 Trolltech（奇趣科技）公司开发的面向嵌入式系统的 Qt 版本。它是基于 Qt 的嵌入式 GUI 和应用程序开发的工具包，专门为嵌入式设备提供图形用户界面的应用框架和窗口系统。用户可根据不同的需求对 Qt/Embedded 进行相应的配置和裁剪，将其不需要的特性剪掉以节省内存空间，这对于嵌入式系统而言是个很大的优势。

Qt/Embedded 的另一个优点是其优良的跨平台特性，它支持 Windows 95/98/2000、Windows NT、Mac OS X、Linux、Solaris 等众多平台。同时，Qt/Embedded 的 API 基于面向对象技术，其应用程序的开发和 Qt 使用相同的工具包，而 Qt 类库封装了适应不同操作系统的 API，因此，Qt/Embedded 类库支持跨平台使用。

虽然 Qt/Embedded 延续了 Qt 在 X 窗口系统中的强大功能，但在底层，Qt/Embedded 摒弃了 X 库，仅采用 Framebuffer 作为底层图形接口，同时，将外部输入设备抽象为键盘和鼠标输入事件，底层接口支持键盘、鼠标、触摸屏及用户自定义的设备等。

图 4-2 所示是 Qt/Embedded 的框架结构。相比 Qt/X11，Qt/Embedded 不依赖服务器，这使 Qt/Embedded 相对于 Qt/X11 节省了不少内存。代替 X 服务器和 X 库的是 Qt/Embedded 库，根据应用的需要，可以对其进行配置，编译后库的大小为 2~3MB。Framebuffer 是一种驱动程序，这种接口将显示设备抽象为帧缓冲区。用户可以将它看成显示内存的一种影像，将其映射到进程地址空间后，就可以直接进行读/写操作，而写操作可以立即反映到屏幕上。Framebuffer 的设备文件一般是“dev/fb0”和“dev/fb1”等。

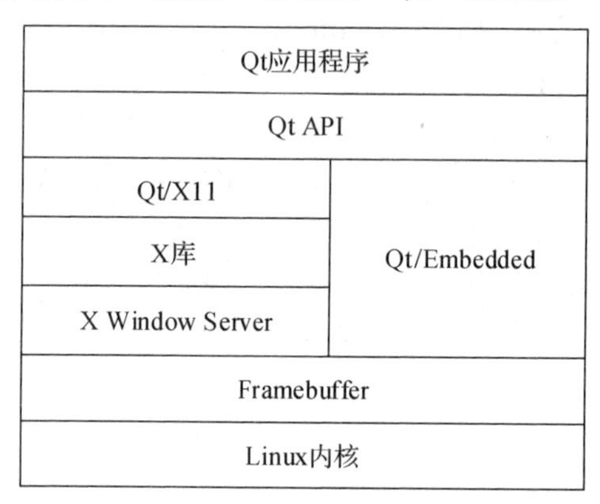

图 4-2　Qt/Embedded 的框架结构

4.3 Qt 程序开发基础

针对不同操作系统发布的 Qt 版本，提供给应用程序开发人员的 API 是一致的。基于 Qt/X11 开发的应用程序只需要用 Qt/Embedded 重新编译，就可以在嵌入式环境中顺利运行。将针对不同操作系统发布的 Qt 版本统称为 Qt，Qt/Embedded 程序开发基础也被包含在 Qt 程序开发基础中。

4.3.1　Qt 中的主要类

Qt 为专业应用提供了大量的函数，大约含有 250 个 C++类，包括窗口部件的外观类、基本的 GUI 窗口部件类、布局管理类、与数据库相关的类、生成和处理事件的类、图像处理类、处理日期与时间的类等。QObject、QApplication、QWidget 是 Qt 中重要的三个基类。

QObject 类是所有能够处理信号、槽和事件的 Qt 对象的基类。Qt 中的类如果需要采用信号和槽机制，则在类的定义体前需要加上 Q_OBJECT 宏。QObject 类的继承树如图 4-3 所示。

QApplication 类负责 GUI 应用程序的控制流和主要设置。它包括主事件循环体，负责处理和调度所有来自窗口系统和其他资源的事件，处理应用程序的开始、结束及会话管理。对于一个应用程序来说，建立此类的对象是必需的。QApplication 类是 QObject 类的子类。

QWidget 类是所有用户接口对象的基类，它继承了 QObject 类的属性，窗口部件是

QWidget 或其子类的实例。用户接口对象也可以称为组件，是用户界面的组成部分。Widget 是使用 Qt 编写的 GUI 应用程序的基本生成块。每个 GUI 组件，如按钮、标签或文本编辑器，都是一个 Widget，并可以放置在现有的用户界面中或作为单独的窗口显示。

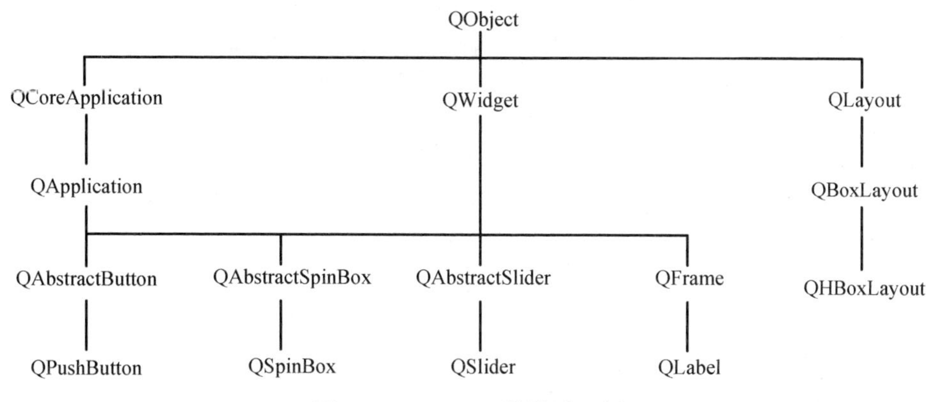

图 4-3 QObject 类的继承树

4.3.2 信号和槽机制

信号和槽机制是 Qt 的一个主要特征，是 Qt 与其他工具包区别最大的部分。在图形界面编程中，经常需要将窗口中一个部件发生的变化通知另一个部件。许多面向对象的程序设计的开发工具包采用事件响应机制来实现对象部件之间的通信，这种机制很容易崩溃，不够健全，也不是面向对象的。而在 Qt 中采用信号和槽机制来实现对象部件之间的通信，这种机制既灵活，又面向对象，并且用 C++来实现，完全可以取代传统工具中的回调和消息映射机制。

以前，使用回调函数机制关联某段响应代码和一个按钮的动作时，需要将相应代码的函数指针传递给按钮，当按钮被单击时，函数被调用。这种方式不能保证回调函数被执行时传递的参数都有正确的类型，很容易造成进程崩溃，并且这种方式将 GUI 元素与其功能紧紧地捆绑在一起，使开发独立的类变得很困难。

Qt 的信号和槽机制则不同，Qt 的窗口在事件发生后会激发信号。例如，当一个按钮被单击时会激发 Clicked（已单击）信号。程序员通过创建一个函数（称作一个槽）并调用 connect()函数来连接信号，这样就可以将信号与槽连接起来。

Qt 的窗口部件中有很多预定义的信号，用户也可以通过继承定义信号。当 Qt 窗口中某个对象发生特定事件时，意味着一个信号被发射。槽就是可以被调用来处理特定信号的函数。Qt 的窗口部件中有很多预定义的槽，但通常用户可以用自己设计的槽来处理指定的信号。

1. connect 函数语法

```
connect(sender,SIGNAL(signal),receiver,SLOT(slot));
```

sender 和 receiver 是 QObject 对象指针，SIGNAL()和 SLOT()是 Qt 定义的两个宏，它们返回其参数的 C 语言风格的字符串（const char*）。因此，下面关联信号和槽的两个语句的作用是等同的：

```
connect(button,SIGNAL(clicked()),this,SLOT(showArea()));
connect(button,"clicked()",this, "showArea()");
```

2. 信号和槽机制的连接方式

信号和槽通过 connect()函数连接时有多种连接方式，如图 4-4 所示。

（1）一个信号和另一个信号相连：

```
connect(object1,SIGNAL(signal1),object2,SIGNAL(signal2));
```

表示 object1 的信号 1 发送可以触发 object2 的信号 2 发送。除此之外，信号与信号的连接和信号与槽的连接相同。

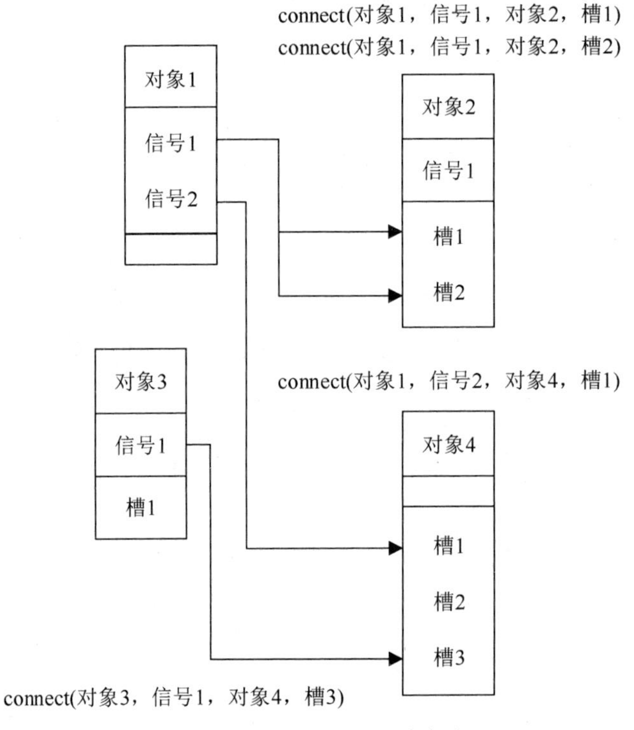

图 4-4　信号和槽的连接方式

（2）同一个信号可以连接到多个槽：

```
connect(object1,SIGNAL(signal1),object2,SLOT(slot2));
connect(object1,SIGNAL(signal1),object3,SLOT(slot3));
```

当信号触发后，槽函数都会被调用，但调用的顺序是随机的。

（3）多个信号可以连接到同一个槽：

```
connect(object1,SIGNAL(signal1),object2,SLOT(slot2));
connect(object3,SIGNAL(signal3),object2,SLOT(slot2));
```

任何一个信号触发后，槽函数都会执行。

（4）连接被删除：

```
disconnect(sender,SIGNAL(signal),receiver,SLOT(slot));
```

这个函数很少使用，因为一个对象被删除后，Qt 会自动删除与这个对象关联的连接。信号和槽函数必须有相同的参数类型及顺序，这样信号和槽函数才能成功连接。

3. 信号和槽机制的优点

（1）类型安全。需要关联的信号和槽的签名必须是等同的，即信号的参数类型和参数个数与接收该信号的槽的参数类型和参数个数相同。不过，一个槽的参数个数是可以少于信号的参数个数的，但缺少的参数必须是信号参数的最后一个或几个。如果信号和槽的签名不符，编译器就会报错。

（2）松散耦合。信号和槽机制减小了 Qt 对象的耦合度。激发信号的 Qt 对象无须知道是哪个对象的哪个槽需要接收发出的信号，它只需要在适当的时间发送适当的信号即可，而不需要知道它发出的信号是否被接收到，更不需要知道是哪个对象的哪个槽接收到了信号。同样地，Qt 对象的槽也不需要知道是哪些信号关联了自己，而一旦关联信号和槽，Qt 就保证了适合的槽得到了调用。即使关联的对象在运行时被删除，应用程序也不会崩溃。

一个类若要支持信号和槽机制，就必须从 QObject 或 QObject 的子类继承。注意，Qt 的信号和槽机制不支持对模板的使用。

4.3.3 元对象系统

Qt 的元对象系统提供了对象间的通信机制（信号和槽机制），以及运行时对类型信息和动态属性系统的支持，是标准 C++的扩展，它使 Qt 能够更好地实现 GUI 编程。Qt 的元对象系统不支持 C++模板，尽管 C++模板扩展了标准 C++的功能，但是元对象系统提供了 C++模板无法提供的一些特性。Qt 的元对象系统基于以下三个事实：

（1）基类 QObject：任何需要使用元对象系统功能的类必须继承自 QObject。

（2）Q_OBJECT 宏：Q_OBJECT 宏必须出现在类的私有声明区，用于启动元对象的特性。

（3）元对象编译器（Meta-Object Compiler，MOC）：为 QObject 子类实现元对象特性提供必要的代码实现。

4.3.4 构建 Qt 开发环境

1. 安装 Qt Creator

Qt 集成开发环境（Qt Creator）可以在官网上进行下载，在网页中选择需要的版本即可。本书以 linux 系统下的 qt-linux-opensource-5.7.0-x86-offline.run 为例进行介绍。

下载完成后，添加可执行权限并执行安装程序，可采用下面的命令：

```
# chmod u+x qt-linux-opensource-5.7.0-x86-offline.run
# ./qt-linux-opensource-5.7.0-x86-offline.run
```

安装完成后，启动 Qt Creator，启动界面如图 4-5 所示。

2. 添加 ARM 平台的构建环境

Qt Creator 安装好后，默认只有计算机的构建环境，需要手动添加 ARM 平台的构建环境，（注：ARM 平台的 qt 编译工具和库需要从官网上下载源代码后自行编译，这里下载 5.7.0 版本，下载文件为 qt-everywhere-opensource-src-5.7.0.tar.gz，使用 arm-linux-gcc 进行编译，编译过程不在这里叙述，编译后可以获得 ARM 平台的 qt 编译工具和库，假设存放目录为/opt/qt5.7.01)，添加的步骤如下：

（1）在 Qt Creator 中选择菜单栏中的【工具】选项卡，选中【选项】子菜单，如图 4-6 所示。

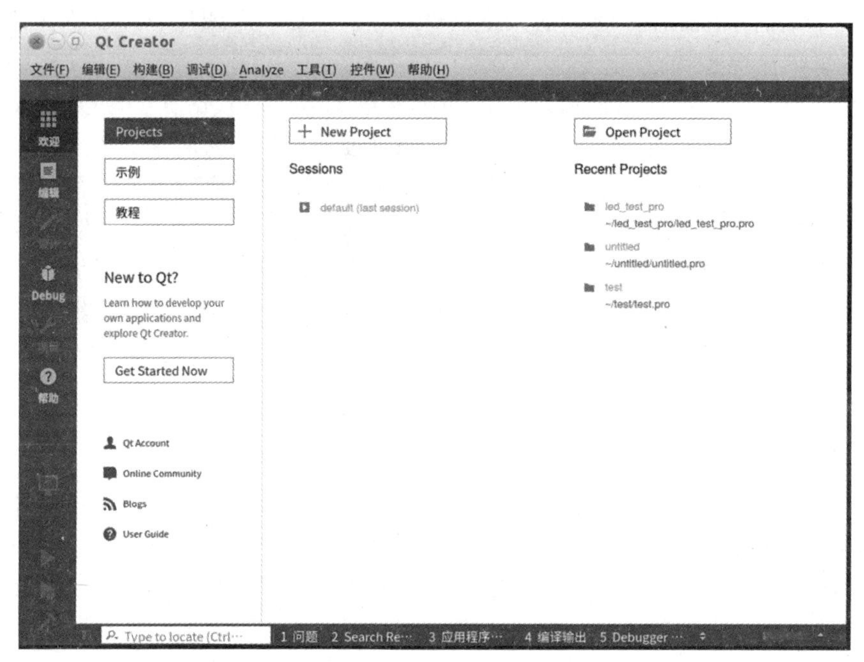

图 4-5 Qt Creator 启动界面

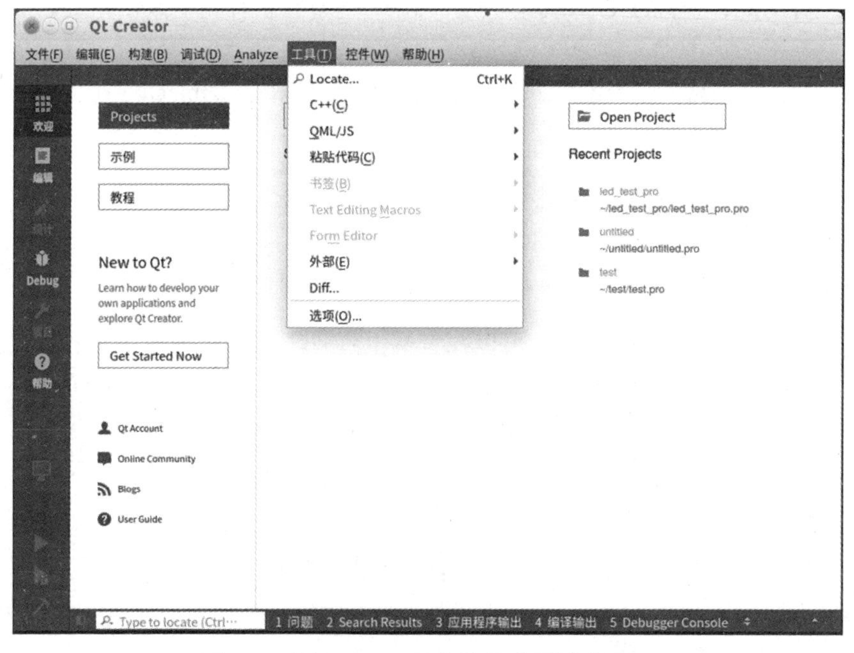

图 4-6 添加 ARM 平台的构建环境步骤 1

（2）在弹出的对话框中单击选中【Qt Versions】选项卡，如图 4-7 所示，然后单击界面右侧的【添加…】按钮，即可弹出图 4-8 所示的界面。

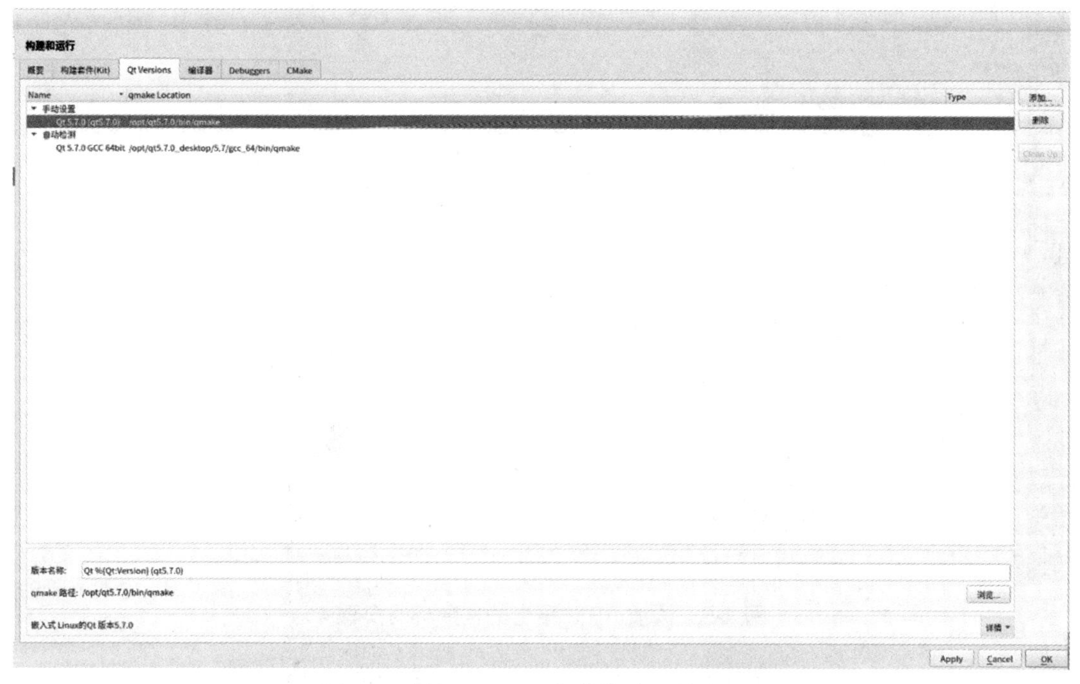

图 4-7　添加 ARM 平台的构建环境步骤 2

图 4-8　添加 ARM 平台的构建环境步骤 3

（3）在图 4-8 所示的界面中，需要选择 qmake 工具，本系统选用的是 ARM 平台下 qt5.7.0 的 qmake 工具，存放在/opt/qt5.7.0/bin 目录下，在弹出的对话框中选中 qmake 文件，然后单击【打开】按钮，会回到图 4-7 所示的界面，单击其右下角的【Apply】按钮。

（4）选中图 4-7 所示界面中的【编译器】选项卡，出现类似图 4-9 所示的界面，在此界面中，单击右侧的【添加】按钮，选中【GCC】选项，然后在下方的【名称】文本框中填入编译器的名称，如“arm-g++”，接着单击【编译器路径】文本框右侧的【浏览…】按钮，系统弹出图 4-10 所示的界面。

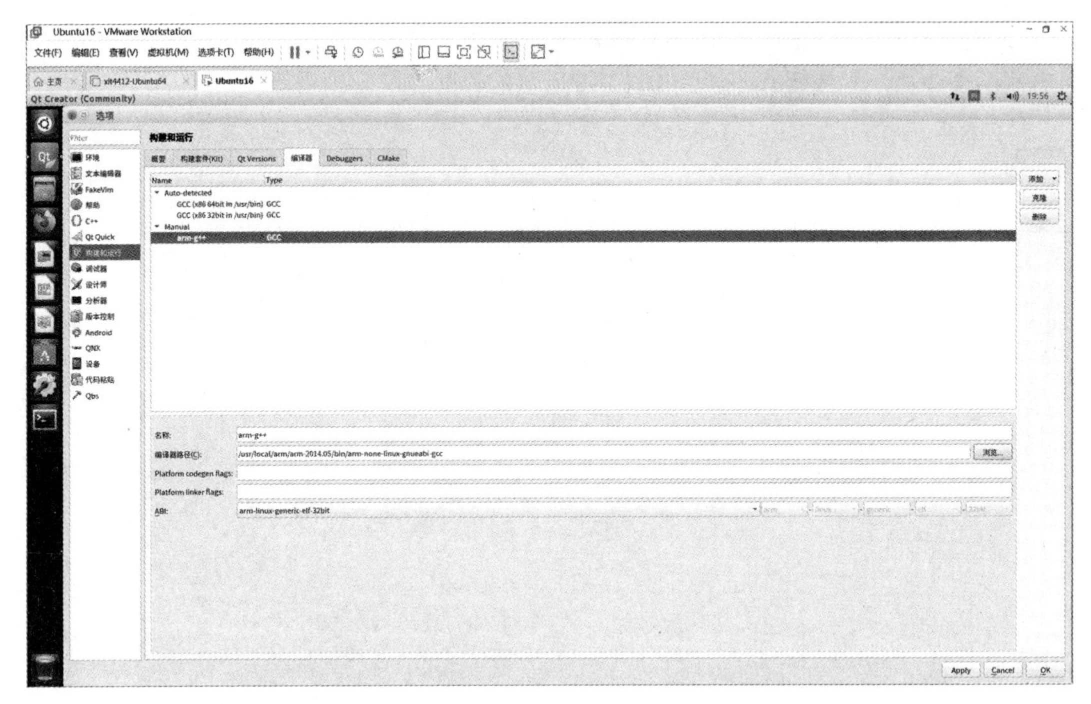

图 4-9　添加 ARM 平台的构建环境步骤 4

图 4-10　添加 ARM 平台的构建环境步骤 5

（5）在图 4-10 所示的界面中，需要选择 arm-linux-gcc 编译器，本系统中使用的文件存放在/usr/local/arm/arm-2014.05/bin 目录下，选中其中的“arm-none-linux-gnueabi-gcc”文件，单击【打开】按钮，返回到图 4-9 所示的界面后，单击右下角的【Apply】按钮。

（6）选中图 4-9 所示界面中的【构建套件（kit）】选项卡，出现图 4-11 所示的界面，在此界面中，单击右侧的【添加】按钮后，在下方【名称】文本框中填入套件的名称，如“qt5.7.0 arm”，接着单击【编译器】下拉列表，选中在图 4-9 中添加的编译器“arm-g++”，接着单击【Qt 版本】下拉列表，选中在图 4-7 中添加的 Qt 版本 qt5.7.0，最后单击右下角的【Apply】按钮。

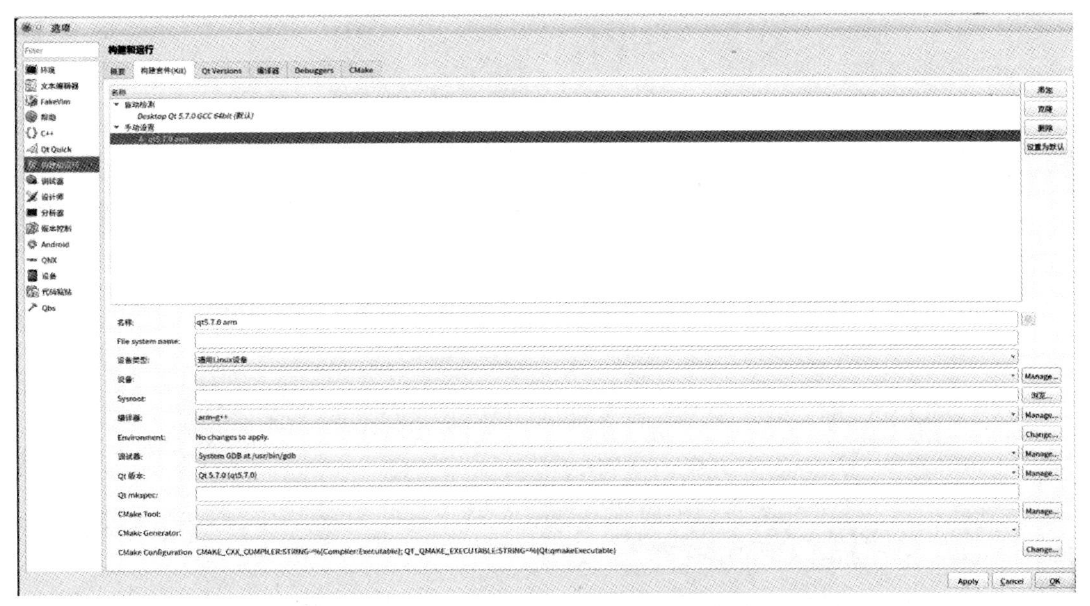

图 4-11　添加 ARM 平台的构建环境步骤 6

至此，Qt 在 ARM 平台的开发环境构建完毕，在后续的程序开发中，可以选择不同的平台进行编译，如图 4-12 所示，可轻松实现应用程序的跨平台移植。

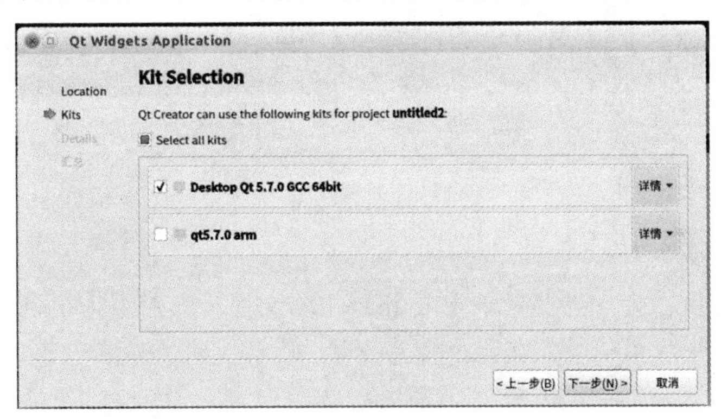

图 4-12　开发项目选择编译平台

4.4 Qt 程序开发实例

4.4.1 最简单的 Qt 程序

以 hello world 程序为例，开始学习 Qt 应用程序结构。首先编写应用程序 helloworld.cpp：

```
1  /**helloworld.cpp**/
2  #include<QApplication>
3  #include<QLabel>
4  int main(int argc,char *argv[])
5  {
```

```
6      QApplication app(argc,argv);
7      QLabel label("hello world!");
8      Label.show();
9      return app.exec();
10 }
```

编写好 helloworld.cpp 后，对其进行编译。因为 Qt 对 C++进行了扩展，所以不用 GCC 命令或者 Makefile 来直接编译应用程序，而采用 qmake 工具来生成项目文件和 makefile 文件，然后才编译应用程序。

1. 编译在计算机上运行的 Qt 程序

使用 Qt Creator 的 qmake 工具，可在与 helloworld.cpp 相同的目录下执行以下语句：

```
/opt/qt5.7.0_desktop/5.7/gcc_64/bin/qmake -project
```

成功执行后，会在当前目录生成 hello.pro 文件。打开并修改此文件，在文件中添加“QT += widgets”，如图 4-13 所示。

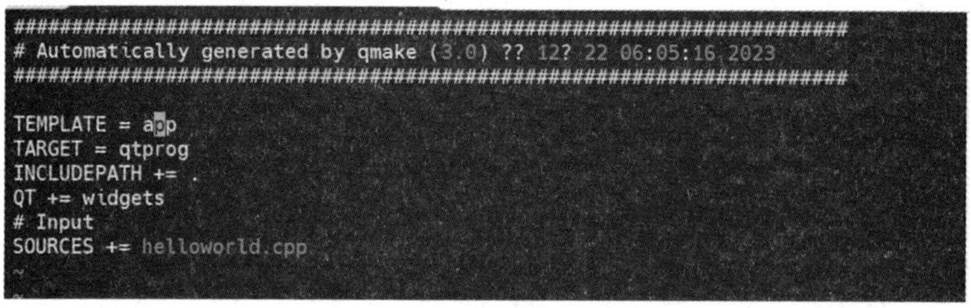

```
######################################################################
# Automatically generated by qmake (3.0) ?? 12? 22 06:05:16 2023
######################################################################

TEMPLATE = app
TARGET = qtprog
INCLUDEPATH += .
QT += widgets
# Input
SOURCES += helloworld.cpp
~
```

图 4-13　修改 hello.pro 文件

然后执行以下语句：

```
/opt/qt5.7.0_desktop/5.7/gcc_64/bin/qmake
```

语句成功执行后，会在当前目录生成 makefile 文件。然后输入 make 命令，成功执行后，会在当前目录生成可执行文件 qtprog，可以运行该文件并查看效果。

```
./qtprog
```

运行过程及运行结果如图 4-14 和图 4-15 所示。

```
root@ubuntu:~/prog/qtprog# ls
helloworld.cpp
root@ubuntu:~/prog/qtprog# /opt/qt5.7.0_desktop/5.7/gcc_64/bin/qmake  -project
root@ubuntu:~/prog/qtprog# ls
helloworld.cpp  qtprog.pro
root@ubuntu:~/prog/qtprog# vim qtprog.pro
root@ubuntu:~/prog/qtprog# /opt/qt5.7.0_desktop/5.7/gcc_64/bin/qmake
root@ubuntu:~/prog/qtprog# ls
helloworld.cpp  Makefile  qtprog.pro
root@ubuntu:~/prog/qtprog# make
g++ -c -pipe -O2 -std=gnu++11 -Wall -W -D_REENTRANT -fPIC -DQT_NO_DEBUG -DQT_WIDGET
S_LIB -DQT_GUI_LIB -DQT_CORE_LIB -I. -I. -I/opt/qt5.7.0_desktop/5.7/gcc_64/include
-I/opt/qt5.7.0_desktop/5.7/gcc_64/include/QtWidgets -I/opt/qt5.7.0_desktop/5.7/gcc_
64/include/QtGui -I/opt/qt5.7.0_desktop/5.7/gcc_64/include/QtCore -I. -I/opt/qt5.7.
0_desktop/5.7/gcc_64/mkspecs/linux-g++ -o helloworld.o helloworld.cpp
g++ -Wl,-O1 -Wl,-rpath,/opt/qt5.7.0_desktop/5.7/gcc_64/lib -o qtprog helloworld.o
 -L/opt/qt5.7.0_desktop/5.7/gcc_64/lib -lQt5Widgets -L/usr/lib64 -lQt5Gui -lQt5Core
 -lGL -lpthread
root@ubuntu:~/prog/qtprog# ls
helloworld.cpp  helloworld.o  Makefile  qtprog  qtprog.pro
root@ubuntu:~/prog/qtprog# ./qtprog
```

图 4-14　运行过程

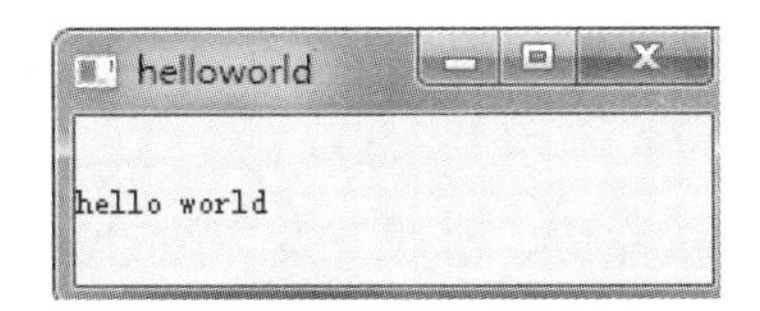

图 4-15 运行结果

在 helloworld.cpp 文件中，第 1 行显示程序的名称。

第 2、3 行包含所需的头文件，分别包含 QApplication 类和 QLabel 类的定义。每一个 Qt 的应用程序都必须使用一个 QApplication 对象，用来管理应用程序的字体、光标等资源。QLabel 为静态文本框组件。

第 4 行的 main()函数是程序的入口，这是 C/C++的特征，其中 argc 是命令行变量的数量，argv 是命令行变量的数组。main()函数把控制权交给 Qt 之前完成相应的初始化操作。

第 6 行创建 QApplication 对象 app，处理命令行变量。

第 7 行创建一个静态文本，文本内容设定为“hello world！”。QLabel 类是 Qt 控件集中的一员，用来显示一个标签。

第 8 行用来显示静态文本。一个窗口部件创建后是不可见的，需要调用 show()函数使其可见。

第 9 行将控制权交给 Qt，通常控制台程序都是顺序执行的，而 GUI 应用程序总是进入一个循环等待，响应用户的动作。main()函数把控制权转交给 Qt/E。在 exec()函数中，Qt 接收并处理用户和系统的事件，当应用程序退出时，exec()函数将自动返回。

2．编译在开发板上运行的 Qt 程序

如要编译在开发板上运行的 Qt 程序，则需要使用不同的 qmake 工具。其操作步骤与编译在计算机上运行的 Qt 程序的步骤相同，只是采用了不同路径下的 qmake 工具，因此，把上述的命令更改如下：

```
/opt/qt5.7.0/bin/qmake -project
/opt/qt5.7.0/bin/qmake
```

值得注意的是，编译出来的可执行程序在计算机上是不能运行的，只能下载到开发板上运行。编译过程如图 4-16 所示。

```
root@ubuntu:~/prog/qtprog# ls
helloworld.cpp  qtprog.pro
root@ubuntu:~/prog/qtprog# /opt/qt5.7.0/bin/qmake
root@ubuntu:~/prog/qtprog# ls
helloworld.cpp  Makefile  qtprog.pro
root@ubuntu:~/prog/qtprog# make
arm-none-linux-gnueabi-g++ -c -pipe -O2 -march=armv7-a -O2 -march=armv7-a -O2 -std=
gnu++11 -Wall -W -D_REENTRANT -fPIC -DQT_NO_DEBUG -DQT_WIDGETS_LIB -DQT_GUI_LIB -DQ
T_CORE_LIB -I. -I. -I/opt/qt5.7.0/include -I/opt/qt5.7.0/include/QtWidgets -I/opt/q
t5.7.0/include/QtGui -I/opt/qt5.7.0/include/QtCore -I. -I/opt/qt5.7.0/mkspecs/linux
-arm-gnueabi-g++ -o helloworld.o helloworld.cpp
arm-none-linux-gnueabi-g++ -Wl,-O1 -Wl,-rpath,/opt/qt5.7.0/lib -o qtprog helloworld
.o   -L/opt/qt5.7.0/lib -lQt5Widgets -L/opt/tslib1.4/lib -lQt5Gui -lQt5Core -lpthre
ad
root@ubuntu:~/prog/qtprog# ls
helloworld.cpp  helloworld.o  Makefile  qtprog  qtprog.pro
root@ubuntu:~/prog/qtprog# ./qtprog
bash: ./qtprog: cannot execute binary file: 可执行文件格式错误
root@ubuntu:~/prog/qtprog# S
```

图 4-16 编译过程

4.4.2 编写并运行 Qt 测试程序

经过前面的步骤后，Qt 移植完成，集成开发环境设置成功。接下来编写一个测试程序，并在开发板上进行测试。

（1）首先建立一个 Qt 项目，在 Qt Creator 中选择【文件】→【新建文件或项目】子菜单，在弹出的对话框中按照图 4-17 所示进行选择，然后单击右下角的【Choose...】按钮进入图 4-18 所示的界面。

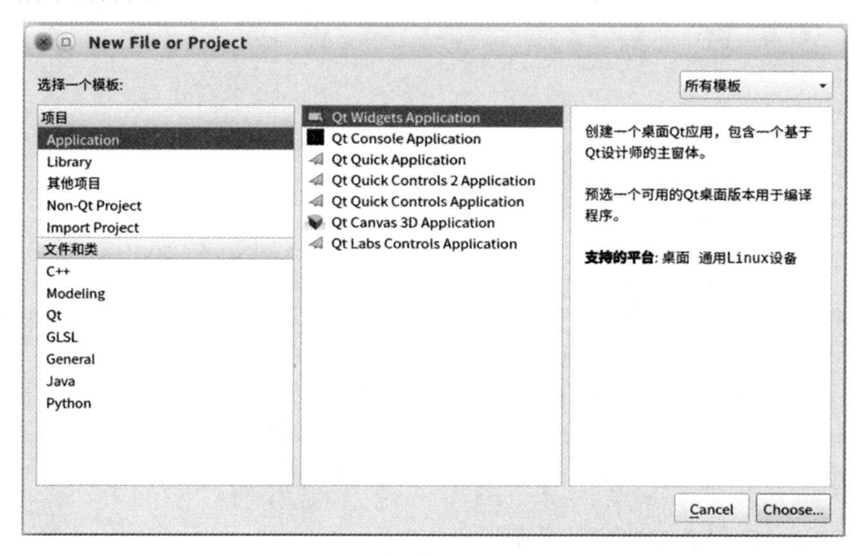

图 4-17　新建 Qt 项目步骤 1

（2）在图 4-18 所示的界面中，设置项目的名称和创建路径，然后单击【下一步】按钮进入图 4-19 所示的界面。

图 4-18　新建 Qt 项目步骤 2

（3）图 4-19 所示的界面用于选择本项目所用的编译套件，其中“Desktop Qt5.7.0 GCC 64bit”为默认选项，勾选【qt5.7.0 arm】复选框。然后单击【下一步】按钮进入图 4-20 所示的界面。

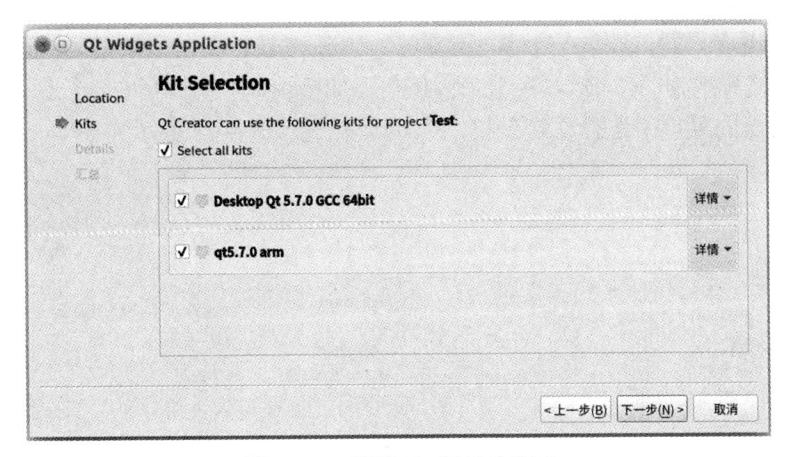

图 4-19　新建 Qt 项目步骤 3

（4）在图 4-20 所示的界面中，可以修改源代码文件的基本类信息，保持默认选项即可，单击【下一步】按钮进入图 4-21 所示的界面。

图 4-20　新建 Qt 项目步骤 4

（5）在图 4-21 所示的界面中单击【完成】按钮即可完成项目的创建。

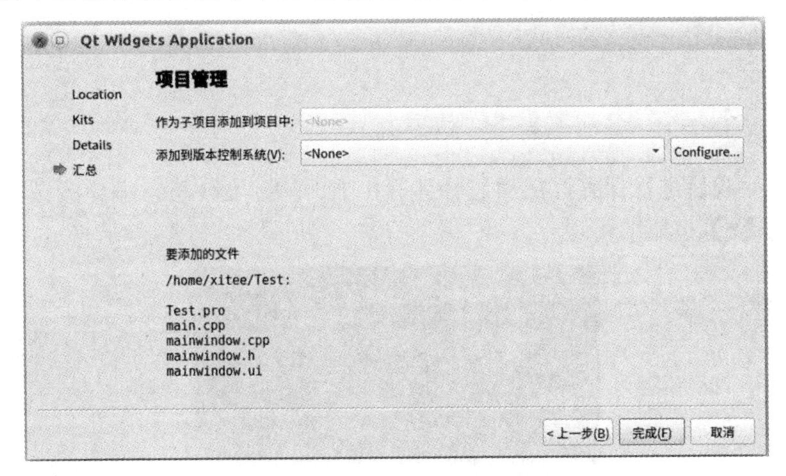

图 4-21　新建 Qt 项目步骤 5

（6）编辑用户界面，添加一个单行编辑框（Line Edit）和一个按钮（Push Button），并将按钮的显示名称改为“Clear”。接下来为按钮添加槽函数，用鼠标右击按钮，如图 4-22 所示，然后在弹出的菜单中选择【转到槽...】选项，进入图 4-23 所示界面。

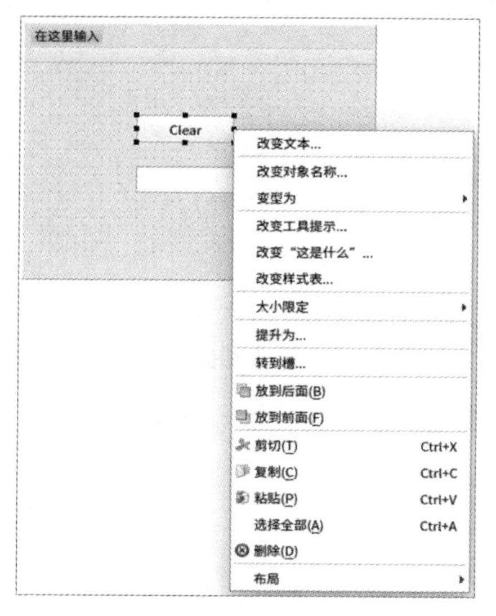

图 4-22　为按钮添加槽函数步骤 1

（7）在图 4-23 所示的界面中，选择“clicked()”信号，然后单击【OK】按钮，系统进入程序编写界面。

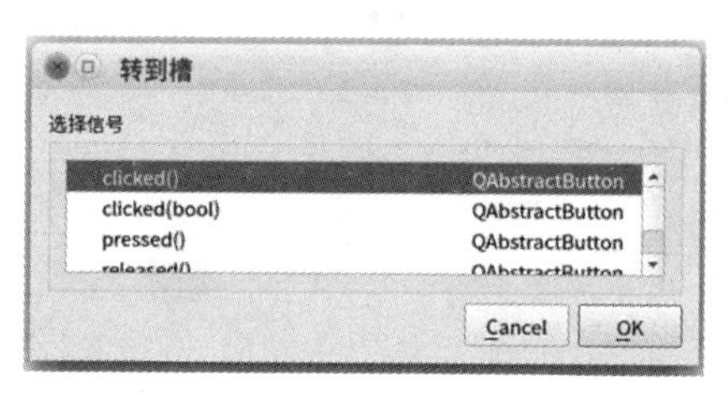

图 4-23　为按钮添加槽函数步骤 2

在自动生成的槽函数中，添加如下代码：

```
void MainWindow::on_pushbutton_clicked()
{
    ui->lineEdit->clear();
}
```

代码编写完成后进行保存，然后选择计算机上的构建套件进行编译测试，单击图 4-24 所示界面中的【▶】按钮即可运行。

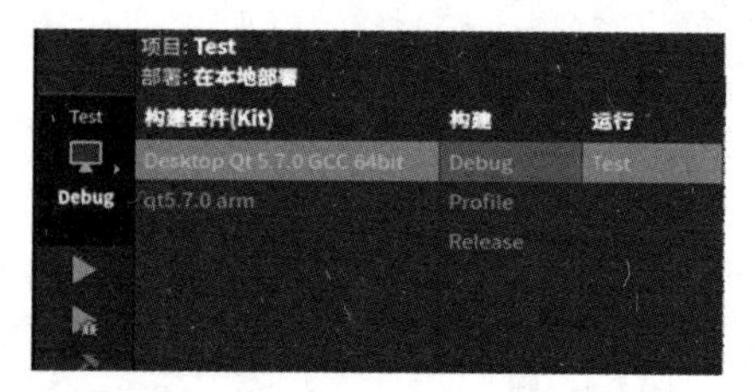

图 4-24　选择计算机上的构建套件

程序正常运行的话，会出现图 4-25 所示的窗口，在文本框中可以输入字符，单击【Clear】按钮可以清除文本框内的字符。

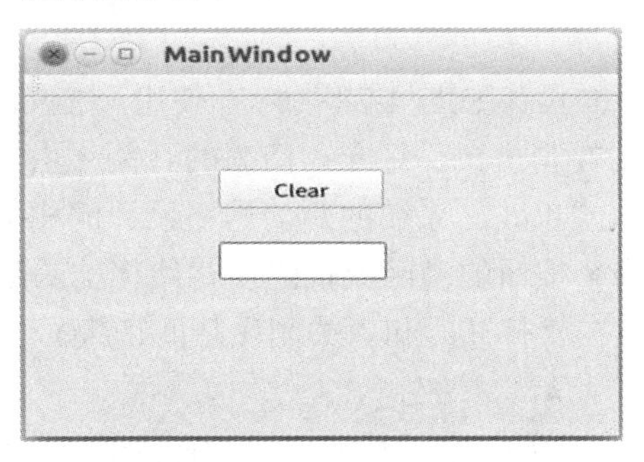

图 4-25　程序正常运行时显示的窗口

测试成功后，可选择 ARM 平台的构建套件。在 Qt Creator 软件左下角，单击【Debug】按钮，会弹出【构建套件（Kit）】列表，选择【qt5.7.0 arm】→【Debug】选项，如图 4-26 所示。

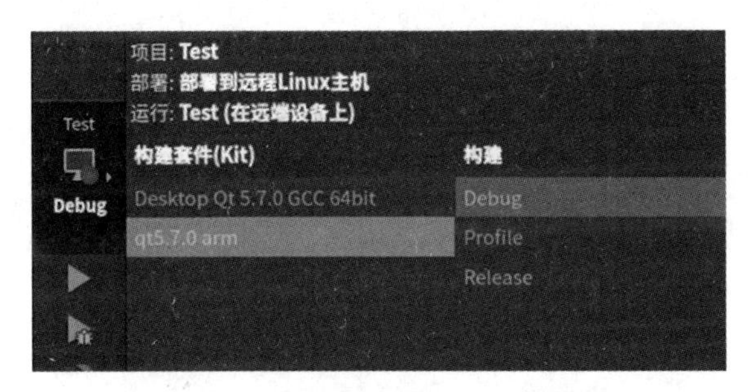

图 4-26　选择 ARM 平台的构建套件

然后在菜单栏中选择【构建】→【构建项目“Test”】选项，如图 4-27 所示，即可完成交叉编译。

构建(B)　调试(D)　Analyze　工具(T)　控件(W)　帮助(H)
构建所有项目　Ctrl+Shift+B
构建项目 "Test"　Ctrl+B
执行qmake
构建文件"mainwindow.cpp"　Ctrl+Alt+B
部署所有
部署项目 "Test"
重新构建所有项目
重新构建项目 "Test"
清理所有项目
清理项目 "Test"
取消构建
运行　Ctrl+R
忽略部署直接运行
打开 构建/运行 构建套件选择器...

图 4-27　交叉编译 Qt 项目

编译成功后，在/home/xitee 目录下会生成 build-Test-qt5_7_0_arm-Debug 目录，进入该目录后，可将生成的可执行程序下载到开发板上，在开发板上运行程序实现的功能和在计算机上运行程序实现的功能一致。

4.5 智能家居控制系统终端 GUI 设计

智能家居控制系统的界面设计如图 4-28 所示。使用一个 QLabel 控件显示温度，使用四个 QPushButton 控件分别控制窗帘、灯光和门锁的开关。由于涉及硬件的控制，具体应用需要结合第 5 章基于嵌入式 Linux 系统的驱动程序设计的相关内容，本章只关注界面的设计和按钮信息的修改。四个按钮的槽函数代码及初始化的函数可参考如下程序，本程序可实现单击按钮使按钮文字在“打开”和“关闭”之间切换。

图 4-28　智能家居控制系统的界面设计

```
MainWindow::MainWindow(QWidget *parent) :
    QMainWindow(parent),
    ui(new Ui::MainWindow)
{
    curtin_flag = 1;
    led1_flag=1;
    led2_flag=1;
    lock_flag=1;

    ui->setupUi(this);
}

MainWindow::~MainWindow()
{
    delete ui;
}

void MainWindow::on_pushButton_clicked()
{
    if(curtin_flag)
        ui->pushButton->setText("关闭");
    else
        ui->pushButton->setText("打开");
    curtin_flag = !curtin_flag;
}
void MainWindow::on_pushButton_2_clicked()
{
    if(led1_flag)
        ui->pushButton_2->setText("关闭");
```

```
    else
        ui->pushButton_2->setText("打开");
    led1_flag = !led1_flag;
}

void MainWindow::on_pushButton_3_clicked()
{
    if(led2_flag)
        ui->pushButton_3->setText("关闭");
    else
        ui->pushButton_3->setText("打开");
    led2_flag = !led2_flag;
}

void MainWindow::on_pushButton_4_clicked()
{
    if(lock_flag)
        ui->pushButton_4->setText("关闭");
    else
        ui->pushButton_4->setText("打开");
    lock_flag = !lock_flag;
}
```

4.6 习题

1. Qt 中用于定义槽函数的关键字是（　　）。

A．struct　　B．class

C．SIGNAL　　D．SLOT

2. 以下关于 Qt 的说法正确的是（　　）。

A．Qt 是一个 C 应用程序开发框架

B．Qt 使用信号和槽机制实现通信

C．Qt 所有部件都继承自 QPushButton

D．Qt 的程序只能在计算机上运行

3. 某 Qt 程序有两个对话框界面类，分别为 JoinDialog 和 LoginDialog，其中 LoginDialog 上放置 1 个标签和 2 个按钮，部分程序的功能实现如下：

```
/***************** logindialog.cpp ************/
#include "logindialog.h"
#include "ui_logindialog.h"
LoginDialog::LoginDialog(QWidget *parent) :QDialog(parent),ui(new
Ui::LoginDialog)
{
ui->setupUi(this);
ui->label ->setText("hello");
}
```

```
LoginDialog::~LoginDialog()
{
    delete ui;
}
void LoginDialog::on_pushButton1_clicked()
{
……..
}
void LoginDialog::on_pushButton2_clicked()
{
……..
}
```

（1）LoginDialog::LoginDialog(QWidget *parent) :QDialog(parent),ui(new Ui::LoginDialog)函数的作用是什么？

（2）如果要求单击“pushButton1”按钮时“label”的文字改为“hi”，在 void LoginDialog::on_pushButton1_clicked( )函数中如何实现？

（3）如果要求单击“pushButton2”按钮时弹出 JoinDialog 对话框，在 void LoginDialog::on_pushButton2_clicked( )函数中如何实现？

第5章

基于嵌入式 Linux 系统的驱动程序设计

5.1 本章目标

思政目标

驱动开发涉及软件和硬件的协调、交互，通过本章的学习，读者应认识到事物之间的相互联系和影响，培养自身的系统思考和全局规划能力。

学习目标

嵌入式系统的开发很大一部分工作是驱动开发，稳定的驱动是产品可靠、高效工作的基础。驱动开发是指编写软件程序使得硬件能够正常工作。因此，进行基于嵌入式 Linux 系统的驱动开发必须具有一定的硬件电路知识，了解硬件的基本工作原理，必须掌握 Linux 系统的驱动体系，才能使得硬件在 Linux 系统的指挥下工作起来。

通过本章的学习，读者应掌握嵌入式 Linux 系统的内核模块、驱动设备的相关概念，通过学习虚拟字符设备驱动程序掌握驱动程序开发的一般流程，实现智能家居系统设计项目中所需要的 LED、温度传感器、按键、蜂鸣器、步进电机等设备的驱动。在此学习基础上，读者可自行实现继电器等其他设备的驱动。

5.2 Linux 系统内核模块

拓展阅读请扫二维码

5.2.1 Linux 系统的模块机制

目前的操作系统内核按照体系结构划分为两种：微内核和单内核。微内核是指内核本身只保留内存管理、进程调度等基本功能，其他可以不在内核实现的功能都作为单独的进程在特权状态下运行，进程之间通过消息传递进行通信。微内核的模块化程度高，一个服务失败不会影响另外一个服务，可移植性好，灵活度高，但是性能相对较低。单内核又称为宏内核，将内核作为整体，所有服务功能集于一身，并运行在同一个单独的地址空间，相互之间直接调用函数，简单高效。

Linux 是一个单内核操作系统，运行效率高，但是扩展性和可维护性相对较低。为了弥补这一缺陷，Linux 系统提供了模块化的机制（Loadable Kernel Module，可加载内核模块，简称 LKM)，可根据需要灵活地动态装载到内核或者从内核中卸载。

LKM 通常由一组函数和数据结构组成，经过编译成为目标对象文件，不可单独运行，目的在于动态扩充内核的功能，Linux 系统中的设备驱动程序或者文件系统均采用模块的形式实现。

LKM 链接到内核的方法有两种：静态链接和动态链接。静态链接是指模块程序存放在内核源代码指定的位置，在内核源代码编译时，将模块程序一起编译成为一个大的内核映像文件，内核启动时同时启动模块功能。动态链接是指模块程序单独编译，在需要的时候，使用命令将其加载到已经启动的内核中，不需要时，使用卸载命令将其从内核中删除。

在嵌入式系统开发阶段，为了方便程序调试，一般采用动态链接的方法；当开发完成进入产品阶段，则一般采用静态链接的方法。

无论是静态链接还是动态链接，一旦模块加载到内核，就作为内核的一部分在内核空间运行，与内核原有的代码完全等价。

5.2.2 内核模块的程序结构

最简单模块程序编写
（扫一扫看视频）

一个内核模块程序包括模块初始化函数、模块退出函数和模块许可证说明。例 5-1 为一个简单的内核模块程序，更复杂的模块程序可以在此基础上进行扩展。

【例 5-1】简单的内核模块程序 hello-driver.c：

```
/**hello-driver.c**/
#include <linux/module.h>
#include <linux/init.h>
MODULE_LICENSE("Dual BSP/GPL");
static __init  int  hello_init(void)          //初始化函数
{
    printk("<0>helloworld! I am coming!\n");
    return 0;
```

```
}
static __exit void hello_exit(void)          //卸载函数
{
    printk("<0>see you!\n");
    return ;
}
module_init( hello_init );
module_exit( hello_exit );
```

（1）linux/module.h 是所有模块都需要的头文件，其中包含模块必须用到的宏定义和函数。linux/init.h 是模块初始化相关的头文件，其中包含 module_init()和 module_exit()的宏定义。

（2）MODULE_LICENSE 是宏定义，其作用是声明模块的许可，表明模块所遵循的自由软件协议，可以是 GPL、GPL V2、GPL and additional rights（GPL 及附加权利）、Dual BSD/GPL（BSD/GPL 双重许可证）、Dual MIT/GPL（MIT/GPL 双重许可证）等。如果没有这个宏定义声明，程序编译和加载过程中会出现警告，并且不能被静态编译进内核。

（3）module_init 可以看作模块的入口，它是必需的，用于声明 hello_init 函数是该模块的初始化函数，当使用 insmod 命令加载模块时，内核会自动调用 hello_init 函数完成初始化工作。因此，一些注册工作常在该初始化函数中完成。只有成功注册后，模块的各种方法才能被应用程序使用并发挥作用。程序中，hello_init 函数前面的_init 表示初始化函数仅在初始化阶段使用，一旦初始化完毕，系统自动释放初始化函数所占用的内存。

（4）module_exit 可以看作模块的出口，它也是必需的，用于声明 hello_exit 函数是该模块的退出函数，当使用 rmmod 命令卸载模块时，内核会自动调用 hello_exit 函数，因此，一些注销或者释放动作常放在退出函数中执行。程序中，hello_exit 函数前面的_exit 表示该函数仅用于函数卸载。

（5）printk 函数是内核的调试函数，用于输出消息，作用与用户程序中的 printf 函数类似。具体的使用方法在 5.2.5 节中详述。

5.2.3 内核模块的编译

模块要在具体的 Linux 内核中使用，因此，编译模块前必须先编译 Linux 内核，然后在模块编译的 makefile 文件中指明该内核所在的目录。值得注意的是，这个 makefile 文件必须命名为首字母大写的“Makefile”，在编译时，make 命令会自动进入内核目录，找到内核的顶层 Makefile 获得参数。因此，模块的编译必须使用 Makefile，不可以使用单独的命令行进行编译，示例如下。

【例 5-2】模块编译的 Makefile 文件：

```
obj-m = hello-driver.o
KERNELDIR := /lib/modules/$(shell uname -r)/build
PWD := $(shell pwd)
modules:
    $(MAKE) -C $(KERNELDIR) M=$(PWD) modules
clean:
    rm -rf  *.o  ~core.depend  *.ko  *.mod.c *.*.cmd  *.order  *.symvers
```

说明如下：

（1）obj-m = hello-driver.o 表示模块文件要从 hcllo-driver.o 中建立，源文件为 hello-driver.c，编译成功后模块命名为 hello-driver.ko。

（2）KERNELDIR 指向 Linux 内核源代码的目录，示例中使用的目录是计算机的虚拟机平台下的内核存放目录。shell uname –r 表示获得的内核版本号，计算机端的内核库保存在/lib/modules/内核版本号/build 目录下。

如果模块需要在开发板上使用，则将 KERNELDIR 修改为对应内核所在的目录即可。例如，用于开发板的内核代码存放的目录为/root/yizhi/boot-kernel-source/xitee4412_Kernel_3.0，并且已经编译成功，则可将 KERNELDIR 修改如下：

```
KERNELDIR :=/root/yizhi/boot-kernel-source/xitee4412_Kernel_3.0
```

（3）PWD 用于记录模块源代码所在的目录，即 hello.c 和 Makefile 所在的目录。

在 Makefile 所在目录输入 make 命令，进行自动编译，出现的编译信息如图 5-1 所示。

```
root@ubuntu:~/testdir# ls
hello-driver.c  Makefile
root@ubuntu:~/testdir# make
make -C /lib/modules/4.15.0-142-generic/build M=/root/testdir modules
make[1]: Entering directory '/usr/src/linux-headers-4.15.0-142-generic'
  CC [M]  /root/testdir/hello-driver.o
  Building modules, stage 2.
  MODPOST 1 modules
  CC      /root/testdir/hello-driver.mod.o
  LD [M]  /root/testdir/hello-driver.ko
make[1]: Leaving directory '/usr/src/linux-headers-4.15.0-142-generic'
root@ubuntu:~/testdir# ls
hello-driver.c   hello-driver.mod.c  hello-driver.o  modules.order
hello-driver.ko  hello-driver.mod.o  Makefile        Module.symvers
root@ubuntu:~/testdir# 
```

图 5-1　编译信息

编译成功后，该目录会生成 hello-driver.ko，该文件为所需要的模块文件，将该文件装载到对应的内核，模块功能即可被内核使用。

5.2.4　模块相关操作命令

模块相关操作命令
（扫一扫看视频）

内核模块生成后，需要手动将模块装载到内核或从内核中卸载，Linux 系统提供了相关的命令。具体命令的作用和使用方法如下：

1．insmod 命令

insmod 命令用于将模块装载到系统内核。

语法：insmod 模块文件名 <参数>

如根据 5.2.3 节编译的结果，模块文件为 hello-driver.ko，则命令为：

```
insmod  hello-driver.ko
```

命令运行后，会出现“helloworld! I am coming!”的调试信息。

带参数的命令形式在 5.2.6 节中详述。

2．rmmod 命令

rmmod 命令用于将 insmod 装载到内核的模块卸载。

语法：rmmod 模块名

如需要卸载的模块为 hello-driver，则命令为：

```
rmmod  hello-driver
```

卸载命令运行后，会出现“see you!”信息。

3．lsmod 命令

lsmod 命令用于查看目前内核已有的模块，依次输入以下命令：

```
lsmod
insmod  hello-driver.ko
lsmod
rmmod  hello-driver
lsmod
```

插入了 hello-driver 模块后，运行 lsmod 命令，可以看到系统中多了 hello-driver 模块。

在运行 rmmod 命令将 hello-driver 模块卸载后，再次运行 lsmod 命令，可以看到内核当前的模块已经不再包含 hello-driver 模块。

4．modprobe 命令

modprobe 命令可一次性把具有依赖关系的驱动全部加载到内核，其依赖关系根据/lib/modules/内核版本号/modules.dep 文件来查找。

一般来说，使用 modprobe 命令加载的模块需要先安装在/lib/modules/内核版本号目录下。

5．depmod 命令

depmod 命令可以生成内核模块的依赖文件/lib/modules/内核版本号/modules.dep，生成的文件可以告诉 modprobe 命令从哪里调入模块。

5.2.5　内核调试技术

测试是软件开发中不可缺少的环节，但是内核代码没有调试器，因此内核调试以 printk 打印调试为主。

printk 是内核提供的格式化函数，该函数的功能与用法和应用程序中的 printf 函数类似，但是附加了不同的日志级别，日志级别及其代表的含义如表 5-1 所示。

表 5-1　日志级别及其代表的含义

日 志 名	级　别	含　义
KERN_DEBUG	<7>	调试信息
KERN_INFO	<6>	提示性信息
KERN_NOTICE	<5>	有必要提示的正常情况
KERN_WARNING	<4>	对可能出现的问题提出警告
KERN_ERR	<3>	错误报告，驱动设备程序常用这个宏来报告来自硬件的问题
KERN_CRIT	<2>	临界状态，通常涉及严重的硬件或软件操作失败
KERN_ALERT	<1>	需要立即采取动作的情况
KERN_EMERG	<0>	紧急事件消息，一般是系统崩溃前的提示

表中的级别越小，代表的优先级越高。

【例 5-3】printk 函数的使用例子。

```
printk(KERN_INFO"num = %d!\n",num);
printk("<4>num = %d!\n",num);
printk("num = %d!\n",num);
```

printk 语句中的宏和日志级别是等价的，KERN_INFO 相当于“<6>”，宏或者日志级别和信息文本之间不能使用逗号隔开。

如果使用者未指定日志级别，默认为 KERN_WARNING 级别。

另外，系统的控制台存在打印级别，printk 的打印信息只有级别比控制台高时才能在控制台上打印出来。可通过命令访问和修改/proc/sys/kernel/printk 控制台的打印级别。图 5-2 中 cat 命令输出的第一个 4 为控制台的打印级别，即 KERN_ERR 及以上级别的信息才能打印出来。通过 echo 命令将 4 修改为 8，所有级别的信息都可以打印。

```
root@ubuntu: ~
root@ubuntu:~# cat /proc/sys/kernel/printk
4       4       1       7
root@ubuntu:~# echo 8 >/proc/sys/kernel/printk
root@ubuntu:~# cat /proc/sys/kernel/printk
8       4       1       7
root@ubuntu:~#
```

图 5-2　修改控制台的打印级别

此外，由于 Ubuntu 系统的控制台问题，printk 的所有信息都不能在控制台上显示，为调试带来了不便。解决的办法是打开另一个终端，在终端输入以下命令：

```
while true
do
   sudo dmesg -c
   sleep 1
done
```

该终端就会每秒显示一次当前系统的日志并清空。

5.2.6　带参数的内核模块

带参数的内核模块
（扫一扫看视频）

Linux 内核允许模块在装载时指定参数，可以通过参数传入实现根据不同的参数提供不同的服务。

模块参数必须使用宏 module_param 声明，使用该宏只需包含头文件 linux/module.h。而声明通常放在文件头部。module_param 的使用方法如下：

```
module_param(nanme, type, perm);
```

其中，name 为参数的名称，也是模块内部所使用的变量名；type 为参数的类型，包括 byte、short、ushort、int、uint、long、ulong、charp、bool、invbool 等；perm 为访问权限，在<linux/stat.h>中定义，如表 5-2 所示。

表 5-2 访问权限表

权 限	描 述	权 限	描 述	权 限	描 述
S_IRUSR	文件所有者可读	S_IRGRP	与文件所有者同组的用户可读	S_IROTH	与文件所有者不同组的用户可读
S_IWUSR	文件所有者可写	S_IWGRP	与文件所有者同组的用户可写	S_IWOTH	与文件所有者不同组的用户可写
S_IXUSR	文件所有者可执行	S_IXGRP	与文件所有者同组的用户可执行	S_IXOTH	与文件所有者不同组的用户可执行

【例 5-4】module_param 的使用例子。

```
/**module_param.c**/
#include <linux/module.h>
#include <linux/init.h>
MODULE_LICENSE("Dual BSP/GPL");
static char *str= "helloworld";
static int number = 1;
module_param (number, int, S_IRUGO);
module_param (str, charp, S_IRUGO);

static __init  int  hello_init(void)          //初始化函数
{
    printk("<0>helloworld! I am coming!\n");
    printk(KERN_INFO"number=%d,str=%s",number,str);
    return 0;
}
static __exit void hello_exit(void)          //卸载函数
{
    printk("<0>see you!\n");
    return ;
}
module_init( hello_init );
module_exit( hello_exit );
```

如程序通过编译后得到 module_param.ko 文件，则输入以下命令以插入模块：

```
insmod module_param.ko number=10 str="hello xit"
```

输出的调试信息为：

```
helloworld! I am coming!
number=10,str= hello xit
```

程序中先定义了 str 和 number 两个变量并赋初值，然后使用 module_param 声明了这两个变量可以通过参数传递改变数值。

在插入模块时输入参数的名字及其数值，则模块内该变量的数值会变为输入参数的数值。

赋初值是为了防止在插入模块时忘记传递参数而出现错误，如果在插入模块时没有传递参数，则模块采用其初值作为默认值。如输入以下命令：

```
insmod  module_param.ko number=10
```

则输出以下信息：

```
helloworld! I am coming!
number=10,str= hello world
```

5.2.7 内核符号的导出

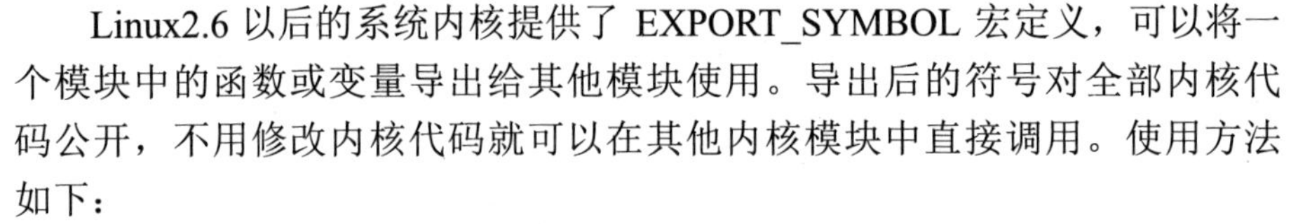

Linux2.6 以后的系统内核提供了 EXPORT_SYMBOL 宏定义，可以将一个模块中的函数或变量导出给其他模块使用。导出后的符号对全部内核代码公开，不用修改内核代码就可以在其他内核模块中直接调用。使用方法如下：

（1）在模块 A 内定义函数 func1，并使用 EXPORT_SYMBOL(func1)声明 func1 为导出函数；

（2）若要在模块 B 中使用函数 func1，则需要在模块 B 内使用 extern 对其进行声明。

【例 5-5】EXPORT_SYMBOL 的使用例子。

```
/*  hello.c  */
#include <linux/init.h>
#include <linux/module.h>
MODULE_LICENSE("GPL v2");

static  __init int hello_init(void)
{
        printk(KERN_INFO "helloworld! I am coming!\n");
        return 0;
}
 static __exit void hello_exit(void)
{
        printk(KERN_INFO"see you!\n");
        return ;
}
void  func_for_test(void)
{
    printk(KERN_INFO"just  for test !\n");
     return ;
}
EXPORT_SYMBOL ( func_for_test);
module_init(hello_init);
module_exit(hello_exit);

/*  symbol_exam.c  */
#include <linux/init.h>
#include <linux/module.h>

extern void  func_for_test(void);
MODULE_LICENSE("GPL  v2");
static  __init int test_init(void)
{
```

```
    printk(KERN_INFO "this is test driver!\n");
     func_for_test();
     return 0;
}
static __exit void hello_exit(void)
{      //卸载函数
    printk("<0>see you!\n");
    return ;
}
module_init( hello_init );
module_exit( hello_exit );
```

以上两个程序通过编译后分别得到 hello.ko 和 symbol_exam.ko 两个文件。如先插入 hello 模块，然后插入 symbol_exam 模块，依次输入以下命令：

```
insmod  hello.ko
insmod symbol_exam.ko
```

则输出以下信息：

```
helloworld! I am coming!
this is test driver!
just  for test !
```

hello 模块中，先定义了 func_for_test 函数，然后使用 EXPORT_SYMBOL(func_for_test) 声明了将该函数导入内核中，模块 symbol_exam 需要使用该函数，则在文件开头使用 extern void func_for_test(void)声明后，在该文件中可以使用该函数。

5.3 设备驱动

5.3.1 设备驱动程序的概念和设备的分类

设备驱动程序的概念和设备的分类（扫一扫看视频）

设备驱动程序是指使得硬件设备能够正确工作的软件程序。驱动程序是用户与设备之间的桥梁，用户程序不能直接操作设备，必须通过操作系统调用驱动程序来完成。例如，硬盘连接到 CPU 中的某些硬件引脚，这些硬件引脚需要按照硬盘的读写时序工作才能从某个扇区读入数据或者将数据写入扇区中。硬盘驱动程序用来控制这些硬件引脚工作在正确的时序中，从而控制数据的读写，但是数据需要从哪些扇区读取，或者读取到的数据用来做什么，驱动程序并不关注。这些是由操作系统根据应用程序或者系统本身的需要经过计算得到的，驱动程序本身只关注硬件如何工作。驱动程序受操作系统控制进行硬件操作，因此，驱动程序需要按照操作系统的接口要求进行编写。Linux 系统中应用程序、驱动程序和硬件设备的关系图如图 5-3 所示。

在 Linux 系统中，设备分为字符设备、块设备和网络设备三种。

字符设备：字符设备是能够像字节流一样被访问的设备，当对字符设备发出读写请求时，相应的 I/O 操作立即发生。字符设备的数据可以顺序读取，通常不支持随机存取。在嵌入式 Linux 系统开发中，使用最多的就是字符设备及驱动，如串口、键盘、鼠标、调制解调器等都是典型的字符设备。

块设备：块设备是系统能够随机无序访问的固定大小的数据片设备。块设备是以固定的大小来传送资料的，它使用缓冲区暂存数据，需要时将数据从缓冲区中一次性写入设备或者从设备中一次性放到缓冲区。常见的块设备有硬盘、CD-ROM 驱动器、闪存等。

网络设备：网络设备既可以是网卡这样的硬件设备，也可以是软件设备，如回环设备。网络设备由 Linux 的网络子系统驱动，负责数据包的发送和接收。因此，在 Linux 文件系统中网络设备没有节点，对网络设备的访问是通过 socket 调用产生的。

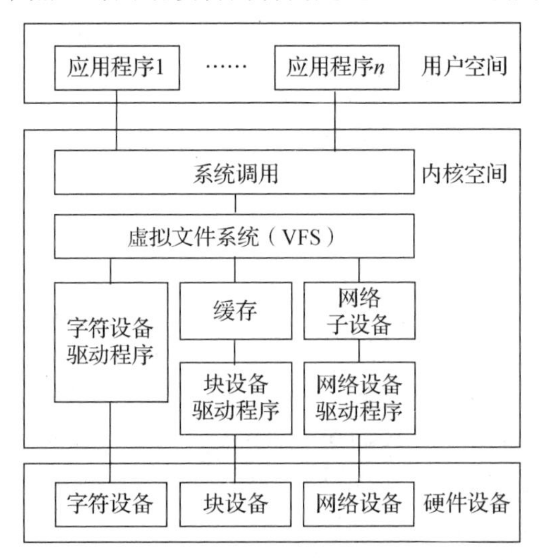

图 5-3　Linux 系统中应用程序、驱动程序和硬件设备的关系图

5.3.2　设备文件和设备号

Linux 系统中"一切皆文件"，即用户空间通过设备文件访问和管理硬件设备，设备文件也叫设备节点。设备文件是一种特殊的文件，存放在/dev 目录下。设备文件仅使用了文件目录项，记录了文件名、设备类型、主设备号和次设备号，不涉及文件内容的存储。图 5-4 所示为/dev 目录下部分设备文件信息截图。

```
crw-rw-r--+ 1 root root     10,  62  4月 17 19:51 rfkill
lrwxrwxrwx  1 root root          4  4月 17 19:51 rtc -> rtc0
crw-------  1 root root    254,   0  4月 17 19:51 rtc0
brw-rw----  1 root disk      8,   0  4月 17 19:51 sda
brw-rw----  1 root disk      8,   1  4月 17 19:51 sda1
brw-rw----  1 root disk      8,   2  4月 17 19:51 sda2
brw-rw----  1 root disk      8,   5  4月 17 19:51 sda5
crw-rw----+ 1 root cdrom    21,   0  4月 17 19:51 sg0
crw-rw----  1 root disk     21,   1  4月 17 19:51 sg1
lrwxrwxrwx  1 root root          8  4月 17 19:51 shm -> /run/shm
```

图 5-4　/dev 目录下部分设备文件信息截图

以 rtc0 为例，/dev/rtc0 为设备文件名，"crw"中的"c"为设备类型，"rw"为文件权限。字符设备和块设备的设备类型分别以"c"和"b"表示。这里的"c"表示 rtc0 是字符设备，“254”表示主设备号，“0”表示次设备号。

Linux 系统通过操作设备文件来控制设备。当程序打开一个设备文件时，系统可以获得对应的设备类型，主、次设备号，系统根据获得的设备号查询到对应的驱动程序，程序后续对设备文件的读写等操作会转化为对应的驱动程序中函数的调用。用户空间的应用程序通过设备文件对设备进行操作，而在内核空间则通过设备号对设备进行控制。如图 5-5 所示，以 LED 驱动为例，在应用程序中对/dev/led 文件进行操作，在内核空间则通过主设备号 250 找到对应的驱动程序。

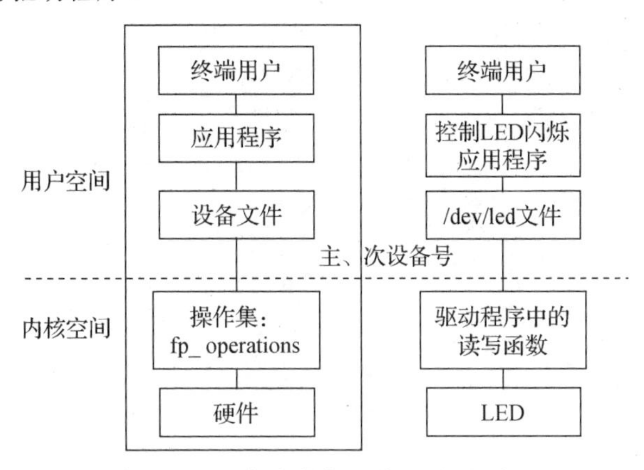

图 5-5 设备文件与设备号的关系图

设备号分为主设备号和次设备号。设备类型和主设备号确定唯一的驱动程序，如图 5-4 所示的 sda1 和 sda2 同为字符设备且主设备号皆为 8，说明这两个设备文件使用的驱动程序是相同的。次设备号用于区分使用同一个驱动程序的不同设备，如两个硬盘，驱动程序使用同一个，但是需要通过次设备号区分具体的设备。

一般来说，次设备号由驱动程序自身维护，而主设备号由系统维护。新的驱动程序申请主设备号时不能使用已经使用的设备号，可以通过/proc/devices 文件查看系统正在使用的设备号，如图 5-6 和图 5-7 所示。

```
root@ubuntu:~# cat /proc/devices
Character devices:
  1 mem
  4 /dev/vc/0
  4 tty
  4 ttyS
  5 /dev/tty
  5 /dev/console
  5 /dev/ptmx
  5 ttyprintk
  6 lp
  7 vcs
 10 misc
 13 input
 14 sound
 21 sg
 29 fb
 99 ppdev
108 ppp
116 alsa
```

图 5-6 系统正在使用的设备号一

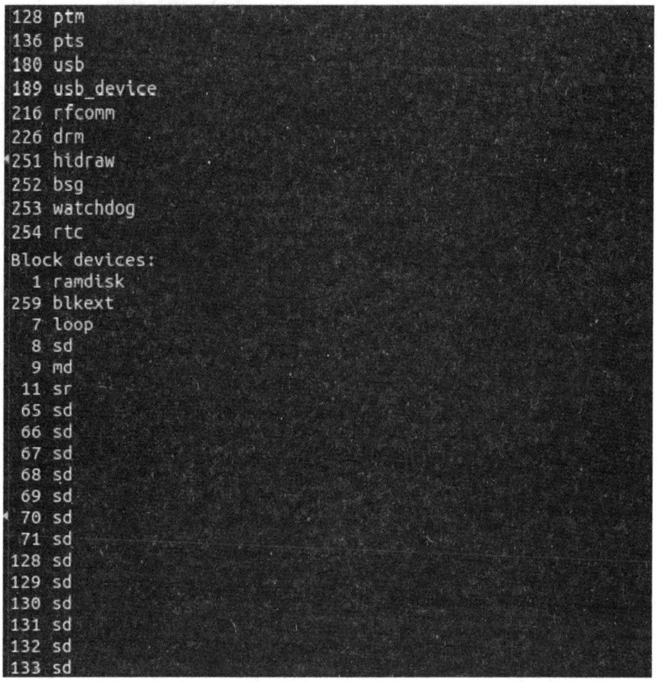

```
128 ptm
136 pts
180 usb
189 usb_device
216 rfcomm
226 drm
251 hidraw
252 bsg
253 watchdog
254 rtc
Block devices:
  1 ramdisk
259 blkext
  7 loop
  8 sd
  9 md
 11 sr
 65 sd
 66 sd
 67 sd
 68 sd
 69 sd
 70 sd
 71 sd
128 sd
129 sd
130 sd
131 sd
132 sd
133 sd
```

图 5-7　系统正在使用的设备号二

在内核中，dev_t（在<linux/types.h>头文件中定义）用来表示设备号，包括主设备号和次设备号两部分。dev_t 是 32 位的量，其中，高 12 位用来表示主设备号，低 20 位用来表示次设备号。

鉴于驱动程序的可移植性，一般不假定主设备号和次设备号的位数。不同的机型中，主设备号和次设备号的位数可能是不同的。因此，系统提供了 MAJOR 宏来得到主设备号，提供了 MINOR 宏来得到次设备号。这两个宏定义在 linux/kdev_t.h 文件中。

```
MAJOR(dev_t dev);
MINOR(dev_t dev);
```

若已知一个设备的主、次设备号，要转换成 dev_t 类型的设备编号，则可以使用以下宏定义获得完整的设备号：

```
MKDEV(int major, int minor);
```

其中，major 表示主设备号，minor 表示次设备号。

当驱动设备中的主、次设备号确定后，可以通过手动输入命令的方式建立设备文件，将设备文件和设备号关联。但是设备文件不是普通的文件，必须使用特殊的命令 mknod 来把设备映射为特别文件，方法如下：

```
mknod  设备文件名 设备类型 主设备号 次设备号
```

例如：

```
mknod  /dev/led    c   250   0
mknod  /dev/demo   c   254   0
```

则在/dev 目录下可以查看到 led 和 demo 设备文件。

5.4 字符设备驱动

字符设备驱动是 Linux 系统中最基本和最常用的驱动程序。字符设备驱动本质上是向系统内核注册一系列函数接口，使得用户程序可以通过访问设备文件来完成对硬件设备的控制。这些常用函数接口与文件操作有着一一对应的关系，如表 5-3 所示。

表 5-3　常用函数接口与文件操作对应表

文件操作	常用函数接口
open	int (*open)(struct inode*,struct file*);
read	ssize_t (*read)(struct file*, char*, size_t, loff_t*);
write	ssize_t (*write)(struct file*,const char*, size_t, loff_t*);
ioctl	int (*unlocked_ioctl)(struct file*,const char*, unsigned int, unsigned long);
close	int (*release)(struct inode*,struct file*);
……	……

因此，在驱动中要完成的工作有驱动初始化、设备驱动接口函数实现及驱动注销。

驱动通常以模块的形式加载到内核，因此，驱动初始化一般在 module_init()指定的函数中实现，驱动注销一般在 module_exit()指定的函数中实现。

驱动初始化主要完成向系统申请设备号、注册设备驱动接口、完成硬件的初始化等工作，常常也包括动态创建设备文件。本节首先介绍系统提供的完成这些功能的函数，然后在 5.5 节中以虚拟字符设备的驱动为例讲解具体的应用。

5.4.1 申请和释放设备号

字符设备驱动（扫一扫看视频）

驱动初始化要先向系统申请设备号，在驱动注销时要将申请到的设备号释放。Linux 系统支持静态和动态两种获取设备号的方式。

1. 静态获取设备号

如果希望驱动使用一个或多个连续确定的设备号，则可以使用静态的方法向系统申请使用设备号，但是在申请前必须自行确定所申请的设备号没有被系统中的其他驱动使用，若所申请的设备号已被使用，则该申请不会成功。静态获取设备号的函数在<linux/fs.h>中声明，具体为：

```
int register_chrdev_region(dev_t from, unsigned count, const char *name);
```

其中，from 是第一个被申请的设备号，count 是数量，name 是设备名。申请成功返回 0，否则返回错误码。

2. 动态获取设备号

如果不希望事先确定驱动使用的设备号，而希望由系统自动分配，则可以使用动态获取设备号的方法，该方法使得驱动的移植性较强，可适用于多个系统。动态获取设备号的函数在<linux/fs.h>中声明，具体为：

```
int alloc_chrdev_region(dev_t *dev, unsigned baseminor,unsigned count, const
char *name);
```

其中，dev 是申请成功后返回的设备号，baseminor 是第一个次设备号，通常为 0，count 是次设备号的数量，name 是设备名。申请成功返回 0，否则返回错误码。

【例 5-6】动态获取设备号的例子：

```
dev_t  devno;
ret=alloc_chrdev_region(&devno, 0,1, "char_test");
major = MAJOR(devno); /*获得主设备号*/
printk(KERN_INFO "dynamic adev_region major is %d !\n",major);
```

3. 释放设备号

无论是以静态还是动态方式申请的设备号，在驱动注销时，都需要将申请到的设备号释放，否则该设备号将不能被再次申请。函数在<linux/fs.h>中声明，具体为：

```
void unregister_chrdev_region(dev_t from, unsigned count);
```

其中，dev 是设备号，count 是设备号的数量。

5.4.2 设备的注册与注销

Linux2.6 以后的系统内核使用 cdev 结构体来描述字符设备，cdev 结构体头文件的位置在 linux/cdev.h，其定义如下：

```
struct cdev {
      struct kobject kobj;                     //内嵌的设备模型的基本结构
      struct module *owner;                    //所属对象，一般为 THIS_MODULE
      const struct file_operations *ops; //与设备关联的操作集，是极为关键的结构体
      struct list_head list;                   //用来将已经向内核注册的所有字符设备形成链表
      dev_t dev;                               //设备号
      unsigned int count;                      //隶属于同一主设备号的次设备号的个数
};
```

使用 cdev 的步骤为分配一个 cdev 结构，对其进行初始化，接着向系统添加该结构，如果不需要，则从系统删除该结构信息。系统提供的对 cdev 进行操作的函数如下：

1. 分配 cdev

注册设备前，必须分配一个或者多个 cdev 结构，可用 cdev_alloc 函数实现动态分配 cdev 类型的内存。函数声明如下：

```
struct cdev *cdev_alloc(void);
```

值得注意的是，不一定使用该函数分配 cdev 内存，也可直接定义一个 cdev 的变量。

2. 初始化 cdev

cdev_alloc 函数主要对 cdev 结构体进行初始化，最重要的就是建立 cdev 和 file_operations 之间的连接。函数声明如下：

```
void cdev_init(struct cdev * cdev, const struct file_operations * fops);
```

参数 fops 是操作函数集，用于指定设备的操作方法。若一个设备需要实现 open、close、read、write 及 ioctl 方法，则文件操作接口 fops 结构的定义和使用方法如例 5-7 所示。

【例 5-7】cdev 初始化的例子。

```
......
struct  cdev  dev_cdev;
......
static struct file_operations fops = {
    .owner = THIS_MODULE,
    .write = virtual_dev_write,
    .read = virtual_dev_read,
    .unlocked_ioctl = virtual_dev_ioctl,
    .open = virtual_dev_open,
    .release = virtual_dev_release
};
......
cdev_init(&dev_cdev, & fops);
```

3．系统添加 cdev

将 cdev 结构初始化后，可以使用 cdev_add()函数将该 cdev 添加到系统，将设备号和操作函数集关联在一起。函数声明如下：

```
int cdev_add(struct cdev *cdev, dev_t dev_no , unsigned int count);
```

其中，dev_no 是已经申请好的设备号，count 是设备的个数。一般需检查函数返回值，注册成功返回 0，否则返回错误码。另外，在调用 cdev_add()之前，还需设置 cdev 的 owner 成员，一般设置为 THIS_MODULE。

【例 5-8】cdev_add()的使用例子。

```
dev_cdev.owner = THIS_MODULE;
ret = cdev_add(&dev_cdev, devno, 1);
if(ret < 0)
{
    printk(KERN_INFO "cdev_add %d is failed!\n",ret);
    unregister_chrdev_region (devno, 1);
}
```

4．删除 cdev

使用 cdev_del 函数可以将 cdev 结构从系统中删除，函数声明如下：

```
Void cdev_del(struct cdev *cdev);
```

5.4.3 自动生成设备文件

前面提到可以使用 mknod 命令建立设备文件并关联相应的主次设备号。但是，如果使用动态方式申请设备号，再用手动的方式建立设备文件，则系统的自动化程度不够，移植性较差，因此，Linux 内核提供了一种方法，可以自动创建设备文件。

在 Linux 内核中，提供了一个名为 class 的结构体，这个结构体是设备的高层视图，是 Linux 设备模型的主要组成部分，它抽象了低层设备的具体实现细节。使用时，可利用系统提供的 class_create()函数来创建一个设备类，再基于这个设备类调用 device_create()函数在/dev 目录下创建相应的设备文件。这样，加载模块的时候，用户空间会自动响应 device_create()函数，创建设备文件。

1. 设备类的创建和删除

使用 class_create()函数可以创建一个设备类，函数声明如下：

```
struct class *class_create(struct module *owner, const char *name);
```

其中，owner 表示指定的类属于哪个模块，一般为 THIS_MODULE，name 为类的名称，函数返回申请到的类的指针。

使用 class_destroy()函数可以删除一个类，一般用在驱动卸载函数，函数声明如下：

```
void class_destroy (struct class *class);
```

2. 设备文件的创建和删除

使用 device_create()函数可以创建一个设备文件，函数声明如下：

```
struct device *device_create(struct class *cls,struct device *parent, dev_t
devt, void *drvdata, void*devname);
```

其中，cls 为所属的设备类，parent 为这个设备的父设备，如果没有，则可以设为 NULL；devt 为设备号，drvdata 为回调函数的参数，如果没有，可以设为 NULL；devname 为设备文件名。函数返回值为创建的设备文件指针。

使用 device_destroy()函数可以删除设备文件，一般用在驱动卸载函数中，函数声明如下：

```
void device_destroy(struct class *cls, dev_t devt);
```

其中，cls 为创建的类，devt 为设备号。

【例 5-9】自动创建设备文件的例子。

在模块初始化函数中调用 class_create()和 device_create()函数自动创建设备文件/dev/virtdev，在模块卸载函数中调用 class_ destroy()和 device_ destroy()函数删除设备文件。

```
......
#include <linux/device.h>
#define DEVICE_NAME  "virtdev"
static struct class * virt_class;
......
static int __init dev_init (void){
    ......
    virt_class = class_create (THIS_MODULE, DEVICE_NAME);
    device_create (virt_class, NULL, devno, NULL, DEVICE_NAME);
    ......
}
static  void __exit dev_exit (void){
    ......
        device_destroy (virt_class, devno);
```

```
    class_destroy (virt_class);
    ……
}
module_init (dev_init);
module_exit (dev_exit);
```

5.4.4 驱动程序接口函数的实现

设备驱动程序接口一般是指文件结构体 file_operations，该结构体规定设备可以进行什么操作，对应的功能是在用户空间中对设备文件进行操作。该结构体的头文件为 linux/fs.h，声明如下：

```
struct file_operations {
    struct module *owner;
    loff_t (*llseek) (struct file *, loff_t, int);
    ssize_t (*read) (struct file *, char __user *,size_t,loff_t *);
    ssize_t (*write) (struct file *, const char __user *, size_t, loff_t *);
    ssize_t (*aio_read) (struct kiocb *, const struct iovec *, unsigned long,
loff_t);
    ssize_t (*aio_write) (struct kiocb *, const struct iovec *, unsigned long,
loff_t);
    int (*readdir) (struct file *, void *, filldir_t);
    unsigned int (*poll) (struct file*,struct poll_table_struct*);
    long (*unlocked_ioctl) (struct file *, unsigned int, unsigned long);
    long (*compat_ioctl) (struct file *, unsigned int, unsigned long);
    int (*mmap) (struct file *, struct vm_area_struct *);
    int (*open) (struct inode *, struct file *);
    int (*flush) (struct file *, fl_owner_t id);
    int (*release) (struct inode *, struct file *);
    int (*fsync) (struct file *, int datasync);
    int (*aio_fsync) (struct kiocb *, int datasync);
    int (*fasync) (int, struct file *, int);
    int (*lock) (struct file *, int, struct file_lock *);
    ssize_t (*sendpage) (struct file *, struct page *, int, size_t,
loff_t *, int);
    unsigned long (*get_unmapped_area)(struct file *, unsigned long,
unsigned long, unsigned long, unsigned long);
    int (*check_flags)(int);
    int (*flock) (struct file *, int, struct file_lock *);
    ssize_t (*splice_write)(struct pipe_inode_info*,struct file*,
loff_t *, size_t, unsigned int);
    ssize_t (*splice_read)(struct file*,loff_t *,struct pipe_inode_info *,
size_t, unsigned int);
    int (*setlease)(struct file *, long, struct file_lock **);
    long (*fallocate)(struct file *file, int mode, loff_t offset,loff_t len);
};
```

如编写一个具有实际操作方法的驱动，首先要为驱动定义一个 file_operations 结构的变量，通常命名为 fops，在其中定义将要实现的各种方法，但是结构体中的函数指针不需要全部指定，需要用到什么功能，指定对应的函数指针即可，一般使用 open、release、 read、write、ioctl、fseek 等即可完成基本的硬件操作。

【例 5-10】file_operations 的使用例子。

```
static struct file_operations fops = {
    .owner = THIS_MODULE,
    .write =dev_write,
    .read = dev_read,
    .unlocked_ioctl = dev_ioctl,
    .open = dev_open,
    .release = dev_release
};
```

必须注意的是，结构体 file_operations 中指定的函数只是登记在系统中的函数接口，并不能主动执行，需要被动等待应用程序的系统调用，只有经过系统调用，才能发挥相应的功能。在例 5-10 中，应用程序执行 open()系统调用，内核才能执行文件结构体 fops 中对应函数指针.open 指向的 dev_open()函数；同样地，write()系统调用对应 dev_write ()函数；ioctl() 系统调用对应 dev_ioctl ()函数；close()系统调用对应 dev_release()函数。驱动中 fops 的函数代码主要与硬件和所需要实现的操作相关。如果用户空间中的应用程序需要控制硬件，则通过系统调用来关联对应的硬件函数，关系图如图 5-8 所示。

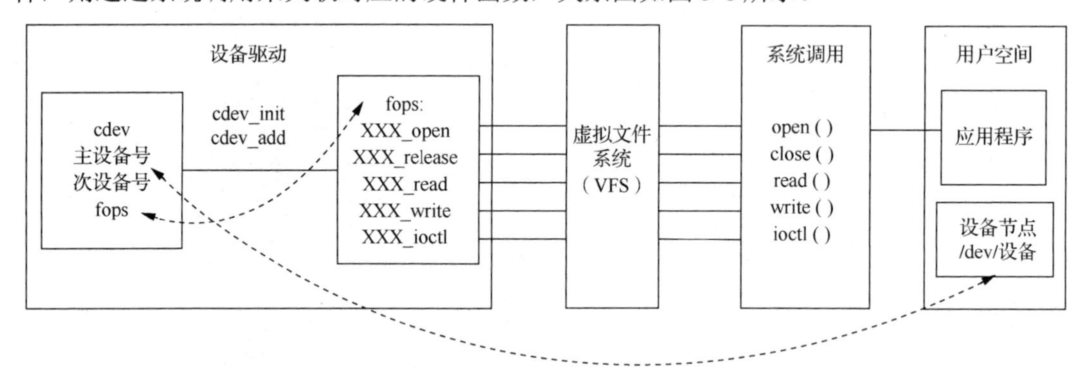

图 5-8 驱动与应用程序的关系图

主要的驱动接口函数说明如下：

1. open 函数

open 函数是应用程序执行 open()系统调用时对应的函数，用于初始化设备。如果是首次打开设备，则进行硬件的初始化。如果有多个设备共用一个主设备号，则在 open 函数中使用次设备号区分各个设备，做不同设备的初始化工作。另外，应同时在 open 函数中设置中断处理，递增使用计数，防止文件关闭前模块被卸载。

```
int  (*open)  (struct inode *node, struct file *filp);
```

其中，参数 node 为节点指针，filp 是文件指针。

2. release 函数

release 函数与 open 函数相反，是应用程序执行 close()系统调用时对应的函数，一般做释放工作。如释放 open 函数申请的内存，注销中断申请，递减使用计数等。

```
int  (*release) (struct inode *node, struct file *filp);
```

其中，参数 node 为节点指针， filp 是文件指针。

3. read 函数

read 函数用来从设备中获取数据，是应用程序执行 read()系统调用时对应的函数。一般正数返回值为读到的数据量；如果返回值为 0，则表示已经读到文件尾或读不到数据；如果返回负数，则表示出错。

```
ssize_t (*read) (struct file *filp, char __user *buffer, size_t count,
loff_t * offp);
```

其中，参数 filp 是文件指针；buffer 是数据复制缓冲区，指向用户空间，是存放新读入数据的空缓冲区；count 是请求传输数据的长度；offp 是对文件进行操作的偏移量，这个偏移量指明用户在文件中进行存取操作的位置。

值得注意的是，Linux 系统的用户空间和内核空间是分开的，在 read 函数中的 buffer 指向的是用户空间，而驱动运行在内核空间，因此，要把从设备中获得的数据传给用户空间，不能使用直接访问的方式，需要使用特殊的函数将内核空间的数据复制到用户空间，函数如下：

```
unsigned long copy_to_user(void __user *to, const void *from,
unsigned long n);
```

其中，to 为目标地址，指向用户空间；from 为源地址，指向内核空间；n 为字符数。一般当设备获得数据后，再调用该函数将数据复制到 read 中的 buffer 指针。

4. write 函数

write 函数用来向设备中写入数据，是应用程序执行 write()系统调用时对应的函数。一般正数返回值为写入的数据量；如果返回值为 0，则表示已经写入的数据为零；如果返回值为负数，则表示出错。

```
ssize_t (*write) (struct file *filp, const char __user *buffer, size_t
count, loff_t *offp);
```

其中，参数 filp 是文件指针；buffer 是数据复制缓冲区，指向用户空间，保存写入的数据；count 是请求传输数据的长度；offp 是对文件进行操作的偏移量，指明用户在文件中进行存取操作的位置。

在 write 函数中，buffer 同样指向用户空间，因此，需要使用以下函数将数据从用户空间复制到内核空间后再写入设备。

```
unsigned long  copy_from_user(void *to, const void __user *from, unsigned
long n);
```

其中，to 为目标地址，指向内核空间；from 为源地址，指向用户空间；n 为复制的字符数。一般调用 write 函数将数据复制到内核空间后，才能将数据写入设备。

5. ioctl 函数

ioctl 函数是应用程序执行 ioctl()系统调用时对应的函数，主要用于实现除读写外的其他控制操作，使用十分灵活，如获取和设置配置信息等。

```
long (*unlocked_ioctl) (struct file *filp, unsigned int cmd,
unsigned longargp);
```

其中，参数 filp 是文件指针，cmd 是输入的命令码，argp 是具体命令对应的参数。应用程序一般使用结构指针的形式把数据传输给内核。

值得注意的是，cmd 命令码的设置虽然可以使用任意的整数，但是实际上有的数字只能是系统使用的。例如，当 ioctl 函数的 cmd 命令码为 2 时，直接在虚拟文件系统那一层返回给用户空间，不会执行内核态的 ioctl 函数。假设有两个不同的设备，但它们 ioctl 函数的 cmd 命令码却是一样的，如果不小心打开了错误的设备并调用 ioctl，就很容易出现错误。

为了防止此类事件发生，内核对 cmd 命令码又有了新的定义，规定了每个设备的 cmd 命令码都应该不一样。根据系统的规定，cmd 命令码共 32 位，分配表如表 5-4 所示。

表 5-4　cmd 命令码分配表

幻数（type）	序数（number）	数据传输方向（direction）	数据大小（size）
8 位	8 位	2 位	14 位

（1）幻数：0～0xff 中的数字，这个数字是用于区分不同设备驱动的，内核中的文档 ioctl-number.txt 给出了推荐或者已经使用过的幻数。

```
'Y' all linux/cyclades.h
'Z' 14-15   drivers/message/fusion/mptctl.h
'[' 00-07   linux/usb/tmc.h     USB Test and Measurement Devices
'o' 40-41   mtd/ubi-user.h      UBI
'o'01-A1   linux/dvb/*.h        DVB
'p' 00-0F   linux/phantom.h     conflict! (OpenHaptics needs this)
'p' 00-1F   linux/rtc.h
```

新增的驱动可以选择没有使用过的字符作为幻数，如“x”。

（2）序数：使用这个数字给驱动命令编号，如从 0 开始编号。

（3）数据传输方向：如果涉及传输数据，内核要求描述传输方向，传输的方向从应用层的角度描述。

_IOC_NONE：值为 0，无数据传输。

_IOC_READ：值为 1，从设备驱动读取数据。

_IOC_WRITE：值为 2，向设备驱动写入数据。

_IOC_READ|_IOC_WRITE：双向数据传输。

（4）数据大小：与体系结构相关，例如，在 ARM 体系结构下，如果数据的类型是 int，则内核给这个数据赋值就是 sizeof（int）。

为了方便用户使用，系统提供了一些宏定义用于生成 cmd 命令码：

```
_IO(type,nr)              //定义没有参数的命令
_IOR(type,nr,size)        //定义的命令是从驱动读取数据
_IOW(type,nr,size)        //定义的命令是从驱动写入数据
```

```
_IOWR(type,nr,size)      //定义了双向数据传输的命令
```

同时提供了宏定义用于拆分 cmd 命令码：

```
_IOC_DIR(cmd)            //从命令中提取方向
_IOC_TYPE(cmd)           //从命令中提取幻数
_IOC_NR(cmd)             //从命令中提取序数
_IOC_SIZE(cmd)           //从命令中提取数据大小
```

例如，在以下程序中，定义了当前驱动的幻数为“x”，利用宏_IO(type,nr)和_IOW(type, nr,size)定义了两个 cmd 命令码 TEST_CLEAR 和 TEST_SET_DATA。

```
#define TEST_MAGIC       'x'      //定义幻数
#define TEST_MAX_NR 2             //定义命令的最大序数，两个命令设置为 2
#define TEST_CLEAR       _IO(TEST_MAGIC, 0)              //第一个命令
#define TEST_SET_DATA    _IOW(TEST_MAGIC,1,int)          //第二个命令
int test_ioctl (struct inode *node, struct file *filp, unsigned int cmd,
unsigned long arg){
   int ret = 0;
   if(_IOC_TYPE(cmd) != TEST_MAGIC) return - EINVAL;    //检验命令是否有效
   if(_IOC_NR(cmd) > TEST_MAX_NR) return - EINVAL;      //检查命令是否超出范围
   switch(cmd){
     case TEST_CLEAR:
         memset(dev->kbuf, 0, DEV_SIZE);
         break;
......
```

5.4.5 驱动程序框架及其测试程序

驱动程序框架（扫一扫看视频）

1. 驱动程序框架

本节将上述知识进行综合形成一个典型的字符设备驱动框架，其他的字符设备驱动在此基础上进行增删即可。

```
    /*driver_model.c*/
1   #include <linux/init.h>
2   #include <linux/module.h>
3   #include <linux/fs.h>
4   #include <linux/cdev.h>
5   #include <linux/uaccess.h>
6   #include <linux/device.h>
7   #include <linux/ioctl.h>
8   MODULE_LICENSE(" GPL v2 ");

9   #define IOC_MAGIC  'x'
10  #define IO_CMD_0       _IO(IOC_MAGIC, 0)
11  #define IO_CMD_1       _IO(IOC_MAGIC, 1)
12  #define DEVICE_NUM   1
13  static  int  major= 0; //主设备号
14  static  int  minor= 0; //次设备号
15  struct  cdev  dev_cdev;
```

```
16  #define DEVICE_NAME  "testdev"
17  static struct class * test_class;

18  module_param(major, int, S_IRUGO ); //主设备号可以通过输入改变

19  /******调用 open 函数******/
20  static int dev_open (struct inode *inode, struct file *file)
21  {
22      printk(KERN_INFO"device open sucess!\n");
23      try_module_get(THIS_MODULE);
24      return 0;
25  }
26  /******调用 close 函数*******/
27  static int  dev_release (struct inode *inode, struct file *filp)
28  {
29      printk("device release\n");
30      module_put(THIS_MODULE);
31      return 0;
32  }
33  /******调用 write 函数******/
34  static ssize_t dev_write (struct file *file, const char __user *buf,
size_t count, loff_t *f_ops)

35  {
36      printk(KERN_INFO"user write data to driver\n");
37      return 0;
38  }

39  /******调用 read()函数******/
40  static ssize_t  dev_read (struct file *file, char __user *buf, size_t
count, loff_t *f_ops)
41  {
42      printk(KERN_INFO"user read data from driver\n");
43      return 0;
44  }

45  /******调用 ioctl()函数******/
46  static long  dev_ioctl (struct file *file, unsigned int cmd, unsigned
long arg)
47  {
48      if(_IOC_TYPE(cmd) != IOC_MAGIC) return - EINVAL;
49      switch(cmd){
50          case IO_CMD_0: printk("<4>runing command 0 \n");break;
51          case IO_CMD_1: printk("<4>runing command 1 \n");break;
52          default:printk("<4>error cmd number\n");break;
53      }
54      return 0;
55  }
56  static struct file_operations dev_fops = {
57      .owner = THIS_MODULE,
58      .write =dev_write,
```

```
59      .read = dev_read,
60      .unlocked_ioctl = dev_ioctl,
61      .open = dev_open,
62      .release = dev_release
63  };

64  /******模块初始化函数******/
65  static int __init  dev_init (void)
66  {
67      int  ret=0;
68      dev_t  devno;
69      printk(KERN_INFO"dev_init!\n");
70      if(major > 0)
71      {
72          printk(KERN_INFO "static adev_region major is %d !\n", major);
73          devno = MKDEV(major, minor);
74          ret = register_chrdev_region (devno, DEVICE_NUM, "char_test");
75      }
76      else
77      {
        /*动态注册设备号*/
78          ret = alloc_chrdev_region( &devno, minor, DEVICE_NUM,
"char_test");
79          major = MAJOR(devno); /*获得主设备号*/
80          printk("dynamic adev_region major is %d !\n",major);
81      }
82      if(ret < 0)
83      {
84          printk("register_chrdev  %d  failed!\n", major);
85      }
86      else
87      {
88          cdev_init(&dev_cdev, &dev_fops);
89          dev_cdev.owner = THIS_MODULE;
90          ret = cdev_add(&cdev, devno, DEVICE_NUM);
91          if(ret < 0)
92          {
93              printk(KERN_INFO "cdev_add %d is failed!\n",ret);
94              unregister_chrdev_region (devno, DEVICE_NUM);
95          }
96          else
97          {
98              test_class = class_create (THIS_MODULE, DEVICE_NAME);
99              device_create (test_class, NULL, devno, NULL, DEVICE_NAME);
100         }
101     }
102     return  ret;
103 }
104 /******模块卸载函数******/
105 static  void __exit dev_exit (void)
106 {
```

```
107     dev_t devno = MKDEV(major,minor);

108     device_destroy (test_class, devno);
109     class_destroy (test_class);

110     cdev_del (&virtual_dev_cdev);
111     unregister_chrdev_region (devno,DEVICE_NUM);
112     printk(KERN_INFO"dev_exit!\n");
113     return ;
114 }

115 module_init (dev_init);
116 module_exit (dev_exit);
```

在以上程序中：

第 1～7 行为必须包含的头文件。

第 8 行为声明内核模块的许可证，用于声明软件所遵循的自由软件协议，若不声明许可证，则在模块被加载时会收到内核被污染的警告（Kernel Tainted）。一般可接受的许可证包括：GPL，GPL v2，GPL and additional rights，Dual BSD/GPL，Dual MIT/GPL，Dual MPL/GPL。一般声明可以写在模块的任何地方（但必须在函数外面），但惯例是写在模块的最前面或最后面。

第 9～11 行为 ioctl 使用到的命令字。

第 12～14 行是定义主、次设备号的变量，记录所申请到的主、次设备号。

第 15 行记录设备的变量。

第 16～17 行定义了类的变量，用于自动创建设备文件。

第 18 行用于设置插入模块传递参数，与初始化函数 dev_init 中申请固定设备号配合使用。

第 19～25 行定义了 open 函数，这里主要是打印调试信息，当测试程序运行 open 系统调用时，系统会自动调用该函数。

第 26～32 行定义了 release 函数，当测试程序运行 close 系统调用时，系统会自动调用该函数，打印出相应的信息。

第 33～38 行定义了 write 函数，当测试程序运行 write 系统调用时，系统会自动调用该函数。这里返回值为 0，对 write 函数来说代表没有写入数据。

第 39～44 行定义了 read 函数，与 write 函数类似。

第 45～55 行定义了 ioctl 函数，这里定义了两个命令，IOCTL_CMD_0 和 IOCTL_CMD_1，其值分别为 0 和 1。若测试程序调用 iotcl（fd，0,NULL），就会进入该函数，并对应 cmd=IOCTL_CMD_0 的程序部分进行处理。若测试程序调用 iotcl（fd，1,NULL），就会进入该函数，并对应到 cmd=IOCTL_CMD_1 的程序部分进行处理。这里的 cmd 数值可以自定义，但是必须与测试程序中的命令相同。

第 56～63 行定义了 fops 指针，并指定对应的操作函数。

第 64～103 行定义了初始化函数，其中第 70～75 行表示如果 major 利用 insmod 时参数传入固定数值，则向系统申请该数值为主设备号；第 76～81 行表示如果 major 没有传入固定数值，则由系统分配一个未使用的主设备号；第 88～90 行用于初始化 dev 设备并向系统申请增加一个设备；第 98～99 行用于自动创建设备文件/dev/testdev。

第 104～114 行定义了退出方法，主要包括删除设备文件、注销设备等。

第 115～116 行是驱动入口和出口函数的宏。

将该程序通过 Makefile 编译成 ko 模块文件，然后使用 insmod 命令即可安装到系统。

2. 测试程序

测试程序（扫一扫看视频）

驱动编写后，需要对驱动程序中的各个接口进行测试，查看驱动能否正常工作。但是驱动本质上只是登记在系统的一组函数接口，安装驱动并不代表驱动的各个接口能够自动运行，它需要应用程序的调用方可发挥作用，因此，常需要编写测试程序，在测试程序中进行相关的系统调用，对驱动中的接口和方法进行测试。如果测试不完善，会导致相应的硬件设备工作不正常，甚至可能会带来系统的崩溃。以下程序是上面提到的驱动程序的测试程序范例。

```
/*test_driver.c*/
1   #include <stdio.h>
2   #include <stdlib.h>
3   #include <fcntl.h>
4   #include <unistd.h>
5   #include <sys/ioctl.h>

6   static char *devfile="/dev/testdev";

7   #define IOC_MAGIC   'x'   /* 定义设备类型 */
8   #define IO_CMD_0    _IO(IOC_MAGIC, 0)
9   #define IO_CMD_1    _IO(IOC_MAGIC, 1)
10  int MAX_LEN=2;

11  int main()
12  {
13      int fd, i, num=0;
14      char buf[2]={'a','b'};
15      fd=open(devfile, O_RDWR);
16      if(fd < 0){
17          printf("####testdev  device open fail####\n");
18          return (-1);
19      }
20      num=write (fd,buf,MAX_LEN);
21      printf("write %d bytes data to /dev/testdev,return num=%d\n",
MAX_LEN,  num);
22      num=read (fd,buf,MAX_LEN);
23      printf("Read %d bytes data from /dev/testdev, return num=%d\n",
MAX_LEN, num);
24      ioctl(fd, IO_CMD_0,NULL);
25      ioctl(fd, IO_CMD_1,2);
26      ioctl(fd,4,NULL);
27      close (fd);
28      return 0;
29  }
```

第6行定义了设备文件路径，该设备文件名称与驱动程序第98～99行中建立的设备文件一致。

第7～9行定义了ioctl的命令字，这些命令字必须与驱动中的定义相同。

第15行以读写方式打开设备文件，此时调用到的驱动接口为dev_open()函数，因此程序输出的内容为“device open sucess!”，该信息从驱动输出。若文件名出错或者驱动没有安装等其他原因导致文件打开不成功，则返回值为负数，此时输出信息“####testdev device open fail####”。

第20行向驱动写入2个数据，调用的驱动接口是dev_write()函数，因此，驱动输出信息“user write data to driver”，函数返回值为0。

第22行从驱动读2个数据，调用的驱动接口是dev_read()函数，因此，驱动输出信息“user read data from driver”，函数返回值为0。

第24～26行调用ioctl函数，此时调用到的驱动接口为dev_ioctl()函数，具体由传入的cmd和arg参数决定运行哪段代码，例如，第24行传入的参数分别为IO_CMD_0，因此，驱动中打印出的信息为“runing command 1”。

第27行调用close函数，此时调用到的驱动接口为dev_ release ()函数，因此，驱动输出的信息为“device release”。

完整的测试程序运行结果如下：

```
device open sucess!
user write data to driver
write 2 bytes data to /dev/testdev,return num= 0
user read data from driver
Read 2 bytes data from /dev/testdev, return num=0
runing command 0
runing command 1
error cmd number
device release
```

值得注意的是，在测试程序运行前，必须先使用 insmod 命令安装驱动，否则测试程序将不能打开驱动设备文件。若驱动程序测试有问题，修改后重新测试，需要先将已安装的旧驱动使用rmmod命令卸载后再重新安装。

5.5 虚拟字符设备驱动及其测试

5.5.1 驱动程序

本节讲解一个与硬件无关的虚拟字符驱动程序，该驱动程序在内核中有1KB的存储空间，用户程序可以向该驱动程序写入数据、从该驱动程序读取数据，可以将全部数据清零，可以定位从哪个位置开始读写数据等。

该驱动程序可以在上节程序中进行修改，驱动文件为 virtdev.c，驱动设备文件为virtdev，驱动的初始化和卸载过程与上述过程类似，主要区别在于读写和文件定位操作。

```
......
#define DEVICE_NAME  "virtdev"
static struct class * virt_class;

#define BUFFER_SIZE  1024
static  char MemBuff[BUFFER_SIZE];//定义 1KB 内核空间

module_param(major, int, S_IRUGO );
......

/******write 函数******/
static ssize_t virtual_dev_write (struct file *file, const char __user *buf,
size_t count, loff_t *f_ops)
{
    int icount = count;
    unsigned long  cur_pos = *f_ops;
    printk(KERN_INFO"user write data to driver\n");
    if(cur_pos+icount>BUFFER_SIZE)//计算写数据的个数
        icount =BUFFER_SIZE-cur_pos;
    //从用户空间复制到内核空间
    copy_from_user(&MemBuff[cur_pos],buf,icount);
    *f_ops = cur_pos+icount;//修改写数据的指针位置
    return icount;
}
/******read 函数******/
static ssize_t  virtual_dev_read (struct file *file, char __user *buf, size_t
count, loff_t *f_ops)
{
    int icount = count;
    unsigned long cur_pos = *f_ops;
    printk(KERN_INFO"user read data from driver\n");
    if(cur_pos+icount>BUFFER_SIZE) //计算写数据的个数
        icount =BUFFER_SIZE-cur_pos;
    //数据从内核空间复制到用户空间
    copy_to_user(buf,&MemBuff[cur_pos],icount);
    *f_ops = cur_pos+icount; //修改写数据的指针位置
    return icount;
}
/******ioctl 函数******/
static long  virtual_dev_ioctl (struct file *file, unsigned int cmd,
unsigned long arg)
{
    switch(cmd){
        case IO_CMD_CLEAR:
            printk(KERN_INFO"clean data\n");
            memset(MemBuff,0,BUFFER_SIZE);
            file->f_pos=0;
        break;
        default:
            printk("<4>error cmd number\n");break;
```

```
    }
    return 0;
}
```

在驱动框架中增加和修改简单的程序，即可完成虚拟字符设备程序。在文件开始的地方，定义全局静态数组 MemBuff，数组大小为 1024，该数组用于存放从用户空间传递来的数据。

write 函数中，从用户空间的 buf 指针中接收数据到内核空间，参数 f_ops 用于记录当前的位置。如果当前的位置加上写入数据的个数超过数组的大小 1024，则只能写入剩下位置。因此，要计算真正能写入的数据个数，然后使用 copy_from_user()函数将数据从用户空间复制到内核空间 MemBuff 数组中，最后修改 f_ops 的数值，以修改读写位置。

read 函数中，从 MemBuff 中读取 count 个数据到用户空间的 buf 指针中，参数 f_ops 用于记录当前的位置。如果当前的位置加上要读取的数据个数超过数组的大小 1024，则只能读到 1024 至当前位置的数据，然后使用 copy_to_user()函数将数据从内核空间复制到用户 buf 数组中，最后修改 f_ops 的数值。

ioctl 函数中，IO_CMD_CLEAR 为清零的命令字，驱动接收到该命令后，将 MemBuff 中的数据全部清零，文件指针位置归零。如有需要还可在此方法中增加其他的命令和操作。

5.5.2 简单测试程序

将驱动程序安装到系统后，除了初始化函数，其他的打开、关闭、ioctl 函数并没有被调用运行，需要用户程序调用后方能使用，因此在驱动正式投入使用前，常需要编写用户程序对各个函数进行测试。测试程序需按照驱动提供的函数进行编写，尤其是 ioctl 函数的命令需一一对应。上一节驱动程序的测试程序示例如下：

```
#include <stdio.h>
#include <stdlib.h>
#include <fcntl.h>
#include <unistd.h>
#include<string.h>
#include <sys/ioctl.h>

static char *devfile="/dev/virtdev";
#define IOC_MAGIC  'x'  /* 定义设备类型 */
#define IO_CMD_ CLEAR _IO(IOC_MAGIC, 0)

int main( )
{
    int fd, i, num=0;
    char buf_wr[32]={"hello!this is a test!"},buf_rd[32]={0};
    fd=open(devfile, O_RDWR);
    if(fd < 0)
    {
        printf("####virtdev  device open fail####\n");
        return (-1);
    }
```

```
    num=write (fd,buf_wr,strlen(buf_wr));
    num=read (fd,buf_rd,6);
    printf("read from dev:%s\n", buf_rd);
    memset(buf_rd,0,sizeof(32));
    num=read (fd,buf_rd,4);
    printf("read from dev:%s\n", buf_rd);
    ioctl(fd, IO_CMD_CLEAR,NULL);
    num=read (fd,buf_rd,4);
    memset(buf_rd,0,sizeof(32));
    printf("read from dev:%s\n", buf_rd);
    close (fd);
    return 0;
}
```

测试程序编译后，需要先将驱动加载到系统中才能运行测试程序，否则会出现设备打开错误的问题。程序运行结果如下：

```
device open sucess!
user write data to driver
user read data from driver
read from dev:hello!
user read data from driver
read from dev:this
clean data
user read data from driver
read from dev:
device release
```

5.5.3 基于 Qt 的虚拟字符设备驱动测试程序

在上一节中，测试程序采用的是简单的 C 语言应用程序，本节主要讲述如何与 Qt 结合，从图形用户界面程序调用底层驱动。

项目需要完成 Qt 程序的设计，并通过不同的按键功能，实现对虚拟驱动数据的操作。在该项目开始前，需要提前完成虚拟字符设备驱动的编写和调试，该驱动具有 read、write、ioctl 等接口。

首先完成界面设计，如图 5-9 所示，功能如下：

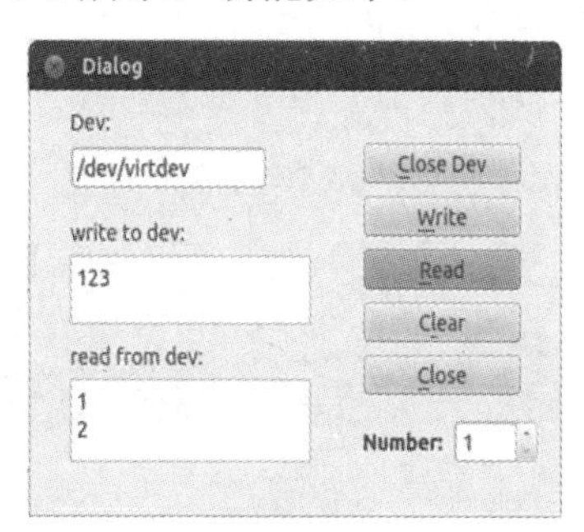

图 5-9　虚拟字符设备驱动测试程序界面

（1）界面中可输入驱动的文件名，选择打开、关闭驱动；

（2）可在文本框中输入数据，单击【Write】按钮将数据写入驱动中；

（3）选择读出的字符数量，单击【Read】按钮，可将驱动中的数据读出并显示到文本框中；

（4）单击【Clear】按钮可将驱动中的数据清空。

界面设计按照第 4 章介绍的方法完成，这里主要提供几个源文件以供参考。

dialog.cpp 文件主要完成几个按钮的槽函数处理。

与前面的测试程序一样，在 Qt 中同样使用 open、read、write、ioctl、close 等函数完成对驱动的操作，但 Qt 中 close() 函数用于关闭当前 QWidget。也就是说，QWidget::close()函数与全局的 close() 函数发生冲突，为了区分成员函数与全局函数，就要在全局函数前面增加“::”双冒号的标志。基于相同的原因，open、read、write 函数前面都要添加双冒号“::”。

```
/*  dialog.cpp  */
#include "dialog.h"
#include "ui_dialog.h"
#include "test_demo.h"
#include <fcntl.h>
#include <unistd.h>
#include <sys/ioctl.h>
#include <sys/types.h>
#include <stdio.h>
//初始化
Dialog::Dialog(QWidget*parent):QDialog(parent),ui(new Ui::Dialog)
{
    ui->setupUi(this);
    ui->lineEdit->setText("/dev/virtdev");//设置设备名称的默认值
    fd=0;
}
Dialog::~Dialog()
{
    delete ui;
}
//打开关闭设备
void Dialog::on_pushButton_clicked()
{
    QByteArray ba=ui->lineEdit->text().toLatin1();
    char *dev_name = ba.data();
    if(!fd)
    {
        fd = ::open(dev_name,O_RDWR|O_NONBLOCK);
        if(fd < 0){
            qDebug("dev_name=%s\n",dev_name);
            return ;
        }
        else
        {
            ui->pushButton->setText("&Close Dev");
        }
    }
```

```
    else
    {   ui->pushButton->setText("&Open Dev");
        ::close(fd);
        fd=0;
    }
}
//将文本框中的内容写入驱动中
void Dialog::on_pushButton_2_clicked()
{
    if(fd)
    {
        QByteArray ba=ui->textEdit->toPlainText().toLatin1();
        char *str = ba.data();
        qDebug("str=%s\n,len=%d",str,strlen(str));
    }
    else
    {
         qDebug("####dev not open! ####\n");
    }
}
//从驱动中读出若干数据，显示到文本框中
void Dialog::on_pushButton_3_clicked()
{
    if(fd)
    {
        char str[1024];
        int num = ::read(fd,str,ui->spinBox->value());
        qDebug("num=%d\n",num);
        ui->textEdit_2->append(QString(QLatin1String(str)) );
    }
    else
    {
         qDebug("####dev not open! ####\n");
    }
}
//将驱动中的数据清零
void Dialog::on_pushButton_4_clicked()
{
    if(fd)
        ioctl(fd,IO_CMD_CLEAR,NULL);
}
```

dialog.h 中添加需要的槽函数声明以及必须的变量。

```
/*  dialog.h  */
#ifndef DIALOG_H
#define DIALOG_H
#include <QDialog>
namespace Ui {
    class Dialog;
}
class Dialog : public QDialog
```

```
{

    Q_OBJECT
public:
    explicit Dialog(QWidget *parent = 0);
    ~Dialog();
private slots:
    void on_pushButton_clicked();
    void on_pushButton_2_clicked();
    void on_pushButton_3_clicked();
void on_pushButton_4_clicked();

private:
    Ui::Dialog *ui;
    int fd;
};
#endif // DIALOG_H
```

在程序运行后，需要先将驱动加载到系统内核中，再单击对应的按钮打开驱动，进行读写操作。

5.6 项目实例 1——LED 驱动

本节讲解开发板上的 LED 驱动及其测试程序，实现对开发板上 LED 的控制。

5.6.1 LED 硬件接口

本书使用的开发板上一共有两个 LED，电路原理图如图 5-10 所示，LED 分别接在 Exynox4412 处理器的 GPL2_0 和 GPK1_1 引脚上，共阳极接入 3.3V 电压，阴极接到三极管的集电极。当 CPU 的 GPIO 引脚接高电平时，三极管导通，LED 阴极接地，LED 点亮；当引脚接低电平时，三极管截止，LED 熄灭。

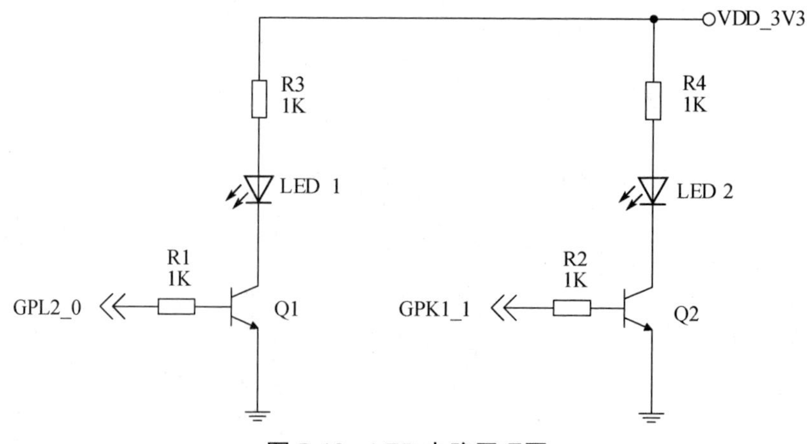

图 5-10 LED 电路原理图

GPIO 的 GPL2_0 和 GPK1_1 作为控制引脚，需要通过合理的设置才能正确工作，在图 5-10 中，GPL2_0 和 GPK1_1 引脚必须配置为输出模式，并由数据控制器中的数值控制 LED 的亮灭。GPL2_0 和 GPK1_1 引脚的寄存器配置方法如表 5-5～表 5-11 所示。

表 5-5 LED 使用的 GPIO 寄存器列表

寄 存 器	地 址	读/写	描 述	默 认 值
GPK1CON	0x1100_0060	R/W	GPK1 组端口控制	0x0
GPK1DAT	0x1100_0064	R/W	GPK1 组端口数据寄存器	0x0
GPK1PUD	0x1100_0068	R/W	GPK1 组端口上拉/下拉寄存器	0x5555
GPL2CON	0x1100_0100	R/W	GPL2 组端口控制	0x0
GPL2DAT	0x1100_0104	R/W	GPL2 组端口数据寄存器	0x0
GPL2PUD	0x1100_0108	R/W	GPL2 组端口上拉/下拉寄存器	0x5555

表 5-6 GPK1CON

GPK1CON	位	描 述	默 认 值
GPK1CON[6]	27:24	0x0 =输入；0x1 = 输出；0x2 = SD_1_DATA[3]； 0x3 = SD_0_DATA[7]；0x4 = SD_4_DATA[7]； 0x5 ~ 0xE = 保留；0xF = EXT_INT24[6]	0x0
GPK1CON[5]	23:20	0x0 =输入；0x1 = 输出；0x2 = SD_1_DATA[2]； 0x3 = SD_0_DATA[6]；0x4 = SD_4_DATA[6]； 0x5 ~ 0xE = 保留；0xF = EXT_INT24[5]	0x0
GPK1CON[4]	19:16	0x0 =输入；0x1 = 输出；0x2 = SD_1_DATA[1]； 0x3 = SD_0_DATA[5]；0x4 = SD_4_DATA[5]； 0x5 ~ 0xE = 保留；0xF = EXT_INT24[4]	0x0
GPK1CON[3]	15:12	0x0 =输入；0x1 = 输出；0x2 = SD_1_DATA[0]； 0x3 = SD_0_DATA[4]；0x4 = SD_4_DATA[4]； 0x5 ~ 0xE = 保留；0xF = EXT_INT24[3]	0x0
GPK1CON[2]	11:8	0x0 =输入；0x1 = 输出；0x2 = SD_1_CDn； 0x3 = GNSS_GPIO[9]；0x4 = SD_4_nRESET_OU； 0x5 ~ 0xE = 保留；0xF = EXT_INT24[2]	0x0
GPK1CON[1]	7:4	0x0 =输入；0x1 = 输出；0x2 = SD_1_CMD； 0x3 ~ 0xE = 保留；0xF = EXT_INT24[1]	0x0
GPK1CON[0]	3:0	0x0 =输入；0x1 = 输出；0x2 = SD_1_CLK； 0x3 ~ 0xE = 保留；0xF = EXT_INT24[0]	0x0

表 5-7 GPK1DAT

GPK1DAT	位	描 述	默 认 值
GPK1DAT[6：0]	6:0	若引脚功能配置为输入，则对应的位是引脚的状态；若引脚功能配置为输出，则引脚的状态与对应的位的数值相同；若配置为功能引脚，则读取到的数值不确定	0x0

表 5-8 GPK1PUD

GPK1PUD	位	描 述	默 认 值
GPK1PUD[n]	[2n + 1:2n] n = 0 to 6	0x0 = 禁止上拉/下拉功能； 0x1 =使能下拉功能； 0x2 =保留； 0x3 =使能上拉功能	0x1555

表 5-9 GPL2CON

GPL2CON	位	描 述	默 认 值
GPL2CON[7]	31:28	0x0 =输入；0x1 = 输出；0x2 = GNSS_GPIO[7]； 0x3 = KP_COL[7]；0x4 ~ 0xE = 保留；0xF = EXT_INT29[7]	0x0
GPL2CON[6]	27:24	0x0 =输入；0x1 = 输出；0x2 GNSS_GPIO[6]； 0x3 = KP_COL[6]；0x4 ~ 0xE = 保留；0xF = EXT_INT29[6]	0x0
GPL2CON[5]	23:20	0x0 =输入；0x1 = 输出；0x2 = GNSS_GPIO[5]； 0x3 = KP_COL[5]；0x4 ~ 0xE = 保留；0xF = EXT_INT29[5]	0x0
GPL2CON[4]	19:16	0x0 =输入；0x1 = 输出；0x2 = GNSS_GPIO[4]； 0x3 = KP_COL[4]；0x4 ~ 0xE = 保留；0xF = EXT_INT29[4]	0x0
GPL2CON[3]	15:12	0x0 =输入；0x1 = 输出；0x2 = GNSS_GPIO[3]； 0x3 = KP_COL[3]；0x4 ~ 0xE = 保留；0xF = EXT_INT29[3]	0x0
GPL2CON[2]	11:8	0x0 =输入；0x1 = 输出；0x2 = GNSS_GPIO[2]； 0x3 = KP_COL[2]；0x4 ~ 0xE = 保留；0xF = EXT_INT29[2]	0x0
GPL2CON[1]	7:4	0x0 =输入；0x1 = 输出；0x2 = GNSS_GPIO[1]； 0x3 = KP_COL[1]；0x4 ~ 0xE = 保留；0xF = EXT_INT29[1]	0x0
GPL2CON[0]	3:0	0x0 =输入；0x1 = 输出；0x2 = GNSS_GPIO[0]； 0x3 = KP_COL[0]；0x4 ~ 0xE = 保留；0xF = EXT_INT29[0]	0x0

表 5-10 GPL2DAT

GPL2DAT	位	描 述	默 认 值
GPL2DAT[7：0]	7:0	若引脚功能配置为输入，则对应的位是引脚的状态；若引脚功能配置为输出，则引脚的状态与对应位的数值相同；若配置为功能引脚，则读取到的数值不确定	0x0

表 5-11 GPL2PUD

GPL2PUD	位	描 述	默 认 值
GPL2PUD[n]	[2n + 1:2n] n = 0 to 7	0x0 = 禁止上拉/下拉功能； 0x1 =使能下拉功能； 0x2 =保留； 0x3 =使能上拉功能	0x5555

5.6.2 内存映射及读写操作

几乎所有外部设备都是通过读写设备上的相关寄存器来连接的，通常包括控制寄存器、状态寄存器和数据寄存器三大类，而且统一模块的寄存器通常被连续编址，如表 5-5 中的 GPK1CON 的地址为 0x1100_0060，GPK1DAT 的地址为 0x1100_0064 等。

一般来说，外部设备 I/O 内存资源的物理地址是已知的，由硬件的设计决定。CPU 通常没有为这些已知的外部设备 I/O 内存资源的物理地址预定义虚拟地址范围，驱动程序并不能直接通过物理地址访问 I/O 内存资源，而必须将它们映射到核心虚拟地址空间内，然后才能根据映射所得到的核心虚拟地址范围，通过访问指令访问这些 I/O 内存资源，并对其进行操作。

在将 I/O 内存资源的物理地址映射成核心虚拟地址后，就可以如同读写 RAM 那样直接读写 I/O 内存资源，但是为了保证驱动程序的跨平台可移植性，常常使用 Linux 中特定的函数来访问 I/O 内存资源，而不应该通过指向核心虚拟地址的指针来访问。

1．ioremap 函数

Linux 在 io.h 头文件中声明了函数 ioremap()，用来将 I/O 内存资源的物理地址映射到核心虚拟地址空间的 3～4GB 内核空间中，函数原型如下：

```
#define ioremap(cookie,size)        __arch_ioremap((cookie), (size), 0)
static inline void __iomem *  __arch_ioremap(unsigned long paddr, size_t
size, unsigned int mtype)
```

其中，cookie 是指要映射的起始的 I/O 地址；size 是指要映射的空间的大小，以字节为单位。

2．iounmap 函数

iounmap 函数用于取消 ioremap 函数所做的映射，原型如下：

```
void iounmap(void * addr);
```

其中，addr 为 ioremap 函数映射后的虚拟地址。

3．writel 函数

writel 函数用于向内存映射的 I/O 空间上写入 32 位（4 字节）数据，函数原型如下：

```
void writel (unsigned int data , unsigned int addr );
```

其中，data 为要写入的数据，addr 为要访问的虚拟地址。

此外，系统还提供了向内存映射的 I/O 空间写入 2 个字节或 1 个字节的函数，可根据不同的需要选用，函数原型如下：

```
void writew (unsigned short data , unsigned int addr );
void writeb (unsigned char data , unsigned int addr );
```

4．readl 函数

readl 函数从内存映射的 I/O 空间上读取 32 位（4 字节）数据，函数原型如下：

```
unsigned int  readl (unsigned int addr );
```

其中，addr 为要访问的虚拟地址，返回值为读到的数据。

此外，系统还提供了从内存映射的 I/O 空间读取 2 个字节或 1 个字节的函数，可根据不同的需要选用，函数原型如下：

```
unsigned short readw(unsigned int addr );
unsigned char readb (unsigned int addr );
```

5.6.3 BSP 提供的接口函数

为了方便用户进行系统开发，CPU 的原厂提供了 GPIO 宏定义文件，该文件属于 BSP 板级开发包，其中利用上节的 ioremap 等函数封装了很多函数和宏定义，开发人员可直接使用。exynos4 系列内容保存在源代码目录的文件为：

arch/arm/mach-exynos/include/mach/gpio-exynos4.h

该文件提供了所有的 GPIO 引脚定义，如本项目使用到的 GPL2_0 和 GPK1_1 引脚只需使用以下两个宏定义即可表示。

```
EXYNOS4_GPL2(n): n 取 0-7, GPL2_0 即为 EXYNOS4_GPL2(0);
EXYNOS4_GPK1(n): n 取 0-6, GPK1_1 即为 EXYNOS4_ GPK1(1);
```

而设置引脚的功能为输入/输出则可以通过 s3c_gpio_cfgpin ()函数实现，该函数声明在 arch/arm/plat-samsung/include/plat/gpio-cfg.h 文件中，其函数原型如下：

```
s3c_gpio_cfgpin (unsigned int pin, unsigned int to);
```

其中，pin 为管脚；to 为配置参数，取值为 S3C_GPIO_INPUT、S3C_GPIO_OUTPUT、S3C_GPIO_SFN()，分别表示输入、输出和功能引脚。如以下语句分别表示设置 GPL2_0 和 GPK1_1 为输出引脚。

```
s3c_gpio_cfgpin (EXYNOS4_GPL2(0), S3C_GPIO_OUTPUT);
s3c_gpio_cfgpin (EXYNOS4_GPK1(1), S3C_GPIO_OUTPUT);
```

将 GPIO 配置为输入或输出模式之后，需要从 GPIO 硬件引脚获取数值或者给 GPIO 硬件引脚赋值，一般高电平为 1，低电平为 0。此时可以使用以下函数对数据寄存器进行操作，函数需使用头文件 linux/gpio.h。

```
void gpio_set_value (unsigned gpio, int value);
int gpio_get_value (unsigned gpio);
```

gpio_set_value()中，gpio 为要操作的硬件引脚，value 为要设置的数值，即 1 或者 0。

gpio_get_value()中，gpio 为要操作的硬件引脚，函数返回值为读取到的引脚数据，即 1 或者 0。以下程序分别实现了设置 GPL2_0 引脚为高电平和 GPK1_1 引脚为低电平的功能。

```
gpio_set_value (EXYNOS4_GPL2(0), 1);
gpio_set_value (EXYNOS4_GPK1(1), 0);
```

5.6.4 LED 驱动程序

由于 LED 驱动涉及具体的硬件操作，因此需要用到硬件接口的定义，头文件中必须包含相应的文件，如 gpio.h 等。

根据 LED 的特点，驱动程序只需实现 open、release 和 ioctl 函数，其他如读写函数不需要实现，因此 fops 中只定义了上述三种接口。

在 open 函数中，设定 LED 的初始值为熄灭；release 函数中也将 LED 恢复为熄灭状态；在 ioctl 函数中通过输入命令 LED_ON 和 LED_OFF 控制 GPIO 引脚输出高低电平，从而控制 LED 的亮灭。驱动程序源文件 ledsdev.c 及 makefile 文件如下：

```
/*  ledsdev.c  */
#include <linux/kernel.h>
#include <linux/init.h>
#include <linux/module.h>
#include <linux/fs.h>
```

```
#include <linux/cdev.h>
#include <linux/uaccess.h>
#include <linux/gpio.h>
#include <plat/gpio-cfg.h>
#include <mach/gpio.h>
#include <mach/gpio-exynos4.h>
#include <linux/device.h>
#include <linux/ioctl.h>

/* 定义 ioctl 命令 */
#define IOC_MAGIC  'x'
#define LED_ON     _IO(IOC_MAGIC, 0)
#define LED_OFF    _IO(IOC_MAGIC, 1)
#define IOC_MAXNR  2

//定义 LED 的管脚
#define  LED1   EXYNOS4_GPL2(0)
#define  LED2   EXYNOS4_GPK1(1)

MODULE_LICENSE("GPL v2");
#define DEVICE_NUM 1
#define DEVICE_NAME "led_ctl"

//主设备号，次设备号
static int major=0;
static int minor=0;
struct cdev leds_dev_cdev;
static struct class *leds_class;

/*********************************************************************/
static long leds_dev_ioctl(struct file *file, unsigned int cmd, unsigned
long arg)
{
    /********cmd=LED_ON/LED_OFF 控制 LED 的亮灭*******/
    /********arg=1 为 LED1; arg =2 为 LED2*******/
    switch(cmd)
    {
        case LED_ON:
            if(arg==1)gpio_set_value(LED1,1);
            else if(arg==2)gpio_set_value(LED2,1);
        break;
        case LED_OFF:
            if(arg==1)gpio_set_value(LED1,0);
            else if(arg==2)gpio_set_value(LED2,0);
        break;
        default:
            printk("<4>error cmd number\n");
        break;
    }
```

```
    return 0;
}
/***********************************************************/
static int leds_dev_open(struct inode *inode, struct file *file)
{
    try_module_get(THIS_MODULE);
    s3c_gpio_cfgpin(LED1,S3C_GPIO_OUTPUT);
    s3c_gpio_cfgpin(LED2,S3C_GPIO_OUTPUT);
    gpio_set_value(LED1,0);
    gpio_set_value(LED2,0);
    printk(KERN_INFO"leds device open sucess!\n");
    return 0;
}
/***********************************************************/
static int  leds_dev_release(struct inode *inode, struct file *filp)
{
    module_put(THIS_MODULE);
    gpio_set_value(LED1,0);
    gpio_set_value(LED2,0);
    printk("leds device release\n");
    return 0;
}
/***********************************************************/
static struct file_operations leds_dev_fops = {
    .owner = THIS_MODULE,
    .unlocked_ioctl = leds_dev_ioctl,
    .open = leds_dev_open,
    .release = leds_dev_release
};

/***********************************************************/
static void __exit leds_dev_exit(void)
{
    dev_t devno = MKDEV(major,minor);
    device_destroy(leds_class, devno);
    class_unregister(leds_class);
    class_destroy(leds_class);
    cdev_del(&leds_dev_cdev);

    unregister_chrdev_region(devno,DEVICE_NUM);
    printk(KERN_INFO"leds_dev_exit!\n");
    return ;
}
static int __init leds_dev_init(void)
{
    int ret=0;
    dev_t devno;
    printk(KERN_INFO"led_dev_init!\n");
    /*动态注册设备号*/
    ret = alloc_chrdev_region(&devno,minor,DEVICE_NUM,"char_test");
```

```
    major = MAJOR(devno); /*获得主设备号*/
    printk(KERN_INFO "dynamic adev_region major is %d !\n",major);

    if(ret < 0)
        printk( "register_chrdev_region req %d is failed!\n",major);
    else
    {
        cdev_init(&leds_dev_cdev,&leds_dev_fops);
        leds_dev_cdev.owner = THIS_MODULE;
        ret = cdev_add(&leds_dev_cdev,devno,DEVICE_NUM);
        if(ret < 0)
        {
            printk(KERN_INFO "cdev_add %d is failed!\n",ret);
            unregister_chrdev_region(devno,DEVICE_NUM);
        }
        else
        {
            leds_class = class_create(THIS_MODULE, DEVICE_NAME);
            device_create(leds_class, NULL, devno, NULL, DEVICE_NAME);
        }
    }
    return ret;
}
module_init(leds_dev_init);
module_exit(leds_dev_exit);
```

新建 makefile 文件，存放在与代码相同的目录下，文件内容如下：

```
#!/bin/bash
obj-m =ledsdev.o
KERNELDIR := /root/yizhi/boot-kernel-source/xitee4412_Kernel_3.0
PWD:=$(shell pwd)
modules:
    $(MAKE) -C $(KERNELDIR) M=$(PWD) modules
modules_install:
    $(MAKE) -C $(KERNELDIR) M=$(PWD) modules_install
clean:
    rm -rf *.o ~core.depend *.ko *.mod.c *.*.cmd.tmp_versions
```

5.6.5 测试程序

驱动完成后，需要编写测试程序，在本测试程序中，打开设备文件后，两个 LED 亮灭 4 次后测试程序结束。程序较简单，源代码文件 led_test.c 如下：

```
/*   led_test.c   */
#include <stdio.h>
#include <stdlib.h>
#include <fcntl.h>
#include <unistd.h>
//#include <sys/ioctl.h>
```

```
/* 定义设备命令 */
#define IOC_MAGIC   'x'
#define LED_ON      _IO(IOC_MAGIC, 0)
#define LED_OFF      _IO(IOC_MAGIC, 1)
#define IOC_MAXNR  2

static char *devfile="/dev/led_ctl";

int main( )
{
    int fd, i;
    fd=open(devfile,O_RDWR);
    if(fd < 0){
        printf("####LED dev  device open fail####\n");
        return (-1);
    }

    printf("leds is working ...####\n");
    for(i=0;i<4;i++){
        ioctl(fd, LED_ON,1);
        ioctl(fd, LED_ON,2);
        sleep(2);
        ioctl(fd, LED_OFF,1);
        ioctl(fd, LED_OFF,2);
        sleep(2);
    }
    printf("leds test finished!...####\n");
    close(fd);
    return 0;
}
```

编译测试 led_test.c 文件，输入以下命令，生成可执行程序 led_test。

```
arm-linix-gcc  -o  led_test  led_test.c
```

5.7 项目实例 2——PWM 蜂鸣器驱动程序

本节讲解开发板上的 PWM 驱动及其测试程序，实现对开发板上蜂鸣器的控制。

5.7.1 PWM 硬件电路

PWM 硬件通过定时器 0 的输出引脚 TOUT0（GPD0_0）与晶体管的基极相连，从而通过控制 PWM 的占空比来控制蜂鸣器的开关时间，蜂鸣器电路原理图如图 5-11 所示，其中的 MOTOR_PWM 即 GPD0_0 引脚。

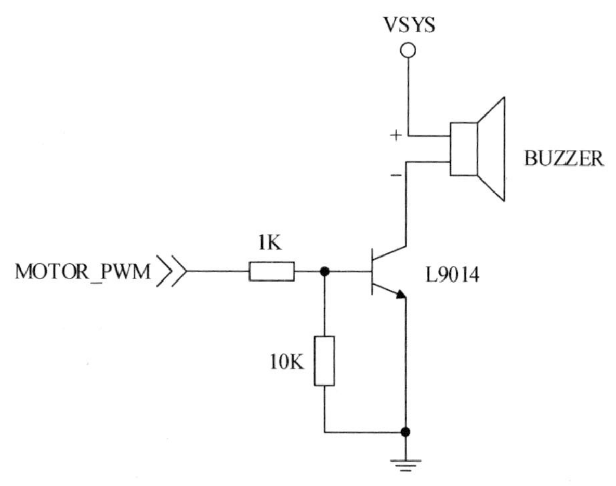

图 5-11 蜂鸣器电路原理图

5.7.2 PWM 定时器的使用原理

在 Exynos4412 中，一共有 5 个 32 位定时器，这些定时器可发送中断信号给 ARM 处理器。另外，定时器 0、1、2、3 包含 PWM，并可驱动其对应的 I/O 引脚。PWM 对定时器 0 有可选的 dead-zone 功能，以支持大电流设备。

定时器使用内部 APB-PCLK 作为源时钟。定时器 0 与定时器 1 共用一个 8 位预分频器，定时器 2、定时器 3 与定时器 4 共用另一个 8 位预分频器，预分频器为 PCLK 提供第一级分频。每个定时器都有一个时钟分频器，每个时钟分频器都有 5 种分频输出（1/1、1/2、1/4、1/6、1/16 ），提供第二级时钟划分频。另外，定时器也可以选择时钟源，所有定时器都可以选择外部时钟源，如 PWM_TCLK。

每个定时器都有一个独立的 32 位递减计数器，定时器启动后，计数缓冲寄存器（TCNTBn）将初始值加载到递减计数器，定时器时钟驱动递减计数器。当递减计数器达到零，自动产生计时器中断请求，同时相应 TCNTBn 的值自动重新加载，开始下一个循环。但是，如果定时器停止，如清除 TCONn 的定时器使能位，TCNTBn 的值将不会重新加载到计数器中。

每个定时器都有一个独立的 32 位比较缓冲寄存器（TCMPBn）。当递减计数器与定时器控制逻辑中比较寄存器的值相匹配时，PWM 输出会产生由低到高的电平跳变，因此，比较寄存器决定 PWM 输出的开启时间或关闭时间。

每个定时器都是带有 TCNTBn 和 TCMPBn 的双缓冲结构，可方便地设置 PWM 的周期和占空比，同时允许参数在周期中更新。

5.7.3 PWM 定时器的寄存器

本例中使用 PWM 控制器的 timer 0，对应的寄存器组如表 5-12～表 5-17 所示，该寄存器组的起始地址为 0x139D_000。

表 5-12 timer0 寄存器组列表

寄 存 器	地 址	读/写	描 述	默 认 值
TCFG0	0x139D_0000	R/W	定时器配置寄存器 0，设置预分频数值和 dead-zone 时间长度数值	0x0000_0101
TCFG1	0x139D_0004	R/W	定时器配置寄存器 1，设置 5 种分频数据	0x0
TCON	0x139D_0008	R/W	定时器控制寄存器	0x0
TCNTB0	0x139D_000C	R/W	定时器 0 计数缓冲寄存器	0x0
TCMPB0	0x139D_0010	R/W	定时器 0 比较缓冲寄存器	0x0

表 5-13 TCFG0

TCFG0	位	描 述	默 认 值
RSVD	31:24	保留值	0x0
Dead zone length	23:16	死区时长数值	0x0
Prescaler 1	15:8	定时器 2、3、4 的预分频数值	0x01
Prescaler 0	7:0	定时器 0、1 的预分频数值	0x01

本例中使用定时器 0，因此只要设置第 7:0 位 Prescaler 0 的数值即可。

表 5-14 TCFG1

TCFG1	位	描 述	默 认 值
Divider MUX0	3:0	定时器 0 的第二分频数值： 0000=1；0001=2；0010=4；0011=8；0100=16	0x0

定时器输入时钟频率的计算与系统时钟 PCLK、预分频数值及第二分频数值相关，计算公式如下：

定时器输入时钟频率 = PCLK/预分频数值/第二分频数值

其中，预分频数值取值范围为 1～255，为寄存器 TCFG0 中 7:0 位 Prescaler 0 的数值；第二分频数值取值范围为 1、2、4、8、16，为寄存器 TCFG1 中 3:0 位 Divider MUX0 的数值。

在本硬件平台上，PWM 模块的典型工作频率为 100MHz，PCLK=100MHz，若第二分频数值在驱动中设置为 16，预分频数值设置为 255，则定时器输入时钟频率为 25600Hz。

表 5-15 TCON

TCON	位	描 述	默 认 值
RSVD	31:5	保留值	0x0
Deadzone 使能	4	死区功能使能端	0x0
定时器 0 自动重载开/关	3	0=单周期执行；1=多周期执行（自动重载）	0x0
定时器 0 输出翻转开/关	2	0=关闭；1=打开 TOUT_0 的自动翻转	0x0
定时器 0 手动更新	1	0=不操作；1=手动更新 TCNB0 和 TCMPB0 的数值	0x0
定时器 0 启动/停止	0	0=关闭定时器 0；1=启动定时器 0	0x0

表 5-16 TCNTB0

TCNTB0	位	描 述	默 认 值
TCNTB0 缓冲	31:0	定时器 0 计数缓冲器数值	0x0

表 5-17 TCMPB0

TCMPB0	位	描 述	默 认 值
TCMPB0 缓冲	31:0	定时器 0 比较缓冲器数值	0x0

此外，从图 5-11 中可以看出，PWM 硬件通过定时器 0 的输出引脚 TOUT0(GPD0_0)与晶体管的基极相连，因此，还需要设置 GPD0_0 的功能为特殊功能 TOUT0 输出，寄存器的地址为 0x1140_00A0，如表 5-18 所示，可将 GDP0CON[0]的数值设置为 0x2。

表 5-18 GDP0CON

GDP0CON	位	描 述	默 认 值
GDP0CON[0]	3:0	0x0 =输入；0x1 = 输出；0x2 = TOUT_0； 0x3 = LCD_FRM；0x4 to 0xE = 保留；0xF = EXT_INT6[0]	0x0

5.7.4 定时器的 PWM 输出工作流程

当定时器设置 PWM 输出时，先设置定时器的分频系数，然后按照以下步骤输出 PWM 波形，如图 5-12 所示。

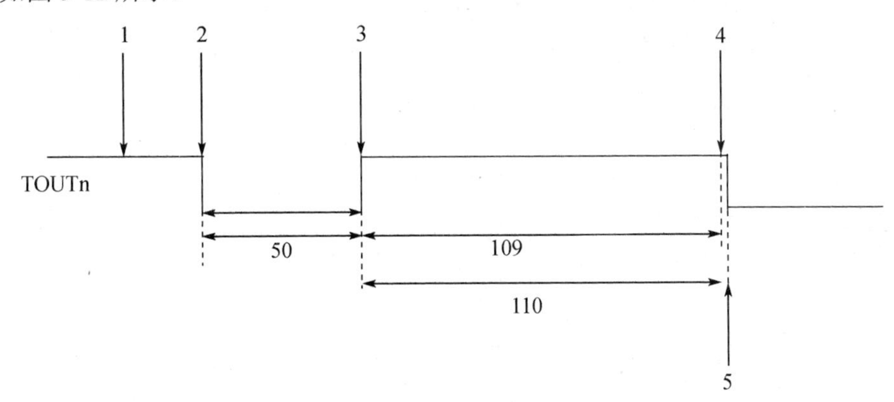

图 5-12 PWM 波形

（1）初始化定时器 n 对应的计数缓冲寄存器 TCNTBn 为 159，定时器 n 对应的计数比较缓冲寄存器 TCMPBn 为 109。

（2）启动定时器 n：设置定时器 n 的启动位为 1，并手动更新为 0。此时寄存器 TCNTBn 的值 159 自动加载到内部的递减寄存器中，并开始递减计数，同时，输出引脚 TOUTn 输出低电平。

（3）当递减寄存器的值递减到 109（TCMPBn 的数值）时，定时器 n 对应的电平输出引脚 TOUTn 从低电平翻转到高电平。

（4）当递减寄存器的值递减到 0 时，计数缓冲寄存器 TCNTBn 的值 159 重新被加载到定时器的递减寄存器中，定时器 n 对应的电平输出引脚 TOUTn 重新输出低电平。这样的流程重复进行，引脚 TOUTn 就可以输出占空比可控的 PWM 波形。

值得注意的是，修改计数缓冲寄存器 TCNTBn 或比较缓冲寄存器 TCMPBn 的值，只能在下一个 PWM 周期起作用，不影响当前周期 PWM 的占空比。

5.7.5 驱动程序

PWM驱动源代码文件为pwm_driver.c，PWM驱动和LED驱动的设计类似，主要在于注册设备和驱动。设计PWM设备文件操作函数，关键步骤如下：

（1）设计 pwm_dev_open、pwm_dev_release、pwm_dev_ ioctl 三个函数。pwm_dev_open函数主要实现对PWM寄存器的初始化，pwm_dev_release函数主要实现停止PWM波形的输出，pwm_dev_ioctl函数分别设置了四个命令实现PWM的启动、停止、设置分频系数及频率。

（2）在驱动加载时，即pwm_dev_init函数中，将实例化的文件操作结构体pwm_ops与设备号关联并注册到内核中，同时生成对应的设备文件。

驱动源代码文件pwm_driver.c及makefile文件如下：

```
#include <linux/module.h>
#include <linux/kernel.h>
#include <linux/init.h>
#include <linux/platform_device.h>
#include <linux/fb.h>
#include <linux/err.h>
#include <linux/slab.h>
#include <linux/delay.h>
#include <linux/gpio.h>
#include <mach/gpio.h>
#include <plat/gpio-cfg.h>

MODULE_LICENSE("GPL v2");

#define DEVICE_NAME              "pwm"   //定义设备的名字为 pwm
#define DEVICE_NUM   1
static int major = 0;                    //主设备号，次设备号
static int minor = 0;

struct cdev pwm_dev_cdev;
static struct class *pwm_class;

#define NS_IN_1HZ                0x6400              //100MHz/256/16
#define BUZZER_PMW_GPIO          EXYNOS4_GPD0(0)     //蜂鸣器 GPIO 配置

#define TIMER_BASE  0X139D0000
void  __iomem   *timer_base;
#define TCFG0   (void __iomem   *)(timer_base+0X00)
#define TCFG1   (void __iomem   *)(timer_base+0X04)
#define TCON    (void __iomem   *)(timer_base+0X08)
#define TCNTB1  (void __iomem   *)(timer_base+0X0C)
#define TCMPB1  (void __iomem   *)(timer_base+0X10)

#define PWM_ON          _IO('K',0)
#define PWM_OFF         _IO('K',1)
#define PWM_SET_PRE _IOW('K',2,int)
```

```
#define PWM_SET_FREQ    _IOW('K',3,int)
//open 函数，主要进行打开 pwm 的操作
static int pwm_dev_open(struct inode *inode, struct file *file)
{
    printk(KERN_INFO "pwm_open start");
    s3c_gpio_cfgpin(BUZZER_PMW_GPIO, S3C_GPIO_SFN(2));
    writel(readl(TCFG0)|0xff,TCFG0);
    writel((readl(TCFG1)&(~0x0f))|0x04,TCFG1);
    writel(300,TCNTB1);
    writel(150,TCMPB1);
    writel((readl(TCON)&(~0x1f))|0X02,TCON);
    return 0;
}
//close 函数，主要进行关闭 pwm 的操作
static int pwm_dev_release(struct inode *inode, struct file *file)
{
    printk(KERN_INFO "pwm_close");
    writel(readl(TCON)&(~0x1f),TCON);
    s3c_gpio_cfgpin(BUZZER_PMW_GPIO, S3C_GPIO_OUTPUT);
    return 0;
}
//控制 I/O 接口函数
static long pwm_dev_ioctl(struct file *filep, unsigned int cmd, unsigned
long arg)
{
    int data = arg;
    if(_IOC_TYPE(cmd)!='K')
        return -ENOTTY;
    if(_IOC_NR(cmd)>3)
        return -ENOTTY;
    printk(KERN_INFO "pwm_ioctl start");

    switch (cmd) {
        case PWM_ON:
            writel((readl(TCON)&(~0x1f))|0X0D,TCON);
        break;
        case PWM_SET_PRE:
            if (data == 0)
                return -EINVAL;
            writel(readl(TCON)&(~0x1f),TCON);
            writel((readl(TCFG0)&(~0xff))|(data&0xff),TCFG0);
            writel((readl(TCON)&(~0x1f))|0X0D,TCON);
        break;

        case PWM_SET_FREQ:
            if (data == 0)
                return -EINVAL;
            data = (NS_IN_1HZ) / data;
            writel(data,TCNTB1);
            writel(data>>1,TCMPB1);
        break;
```

```
        case PWM_OFF:
            writel(readl(TCON)&(~0x1f),TCON);
        break;
    }
    return 0;
}

//operations 结构体
static struct file_operations pwm_ops = {
    .owner = THIS_MODULE,
    .unlocked_ioctl = pwm_dev_ioctl,
    .open = pwm_dev_open,
    .release = pwm_dev_release
};

//pwm 设备初始化
static int __init pwm_dev_init(void)
{
    int ret = 0 ;
    dev_t devno;
    printk(KERN_INFO "pwm_dev_init start");

    gpio_free(BUZZER_PMW_GPIO);
    ret = gpio_request(BUZZER_PMW_GPIO, DEVICE_NAME);
    if (ret)
    {
        printk("request GPIO %d for pwm failed\n", BUZZER_PMW_GPIO);
        goto ERR1;
    }
    s3c_gpio_cfgpin(BUZZER_PMW_GPIO, S3C_GPIO_OUTPUT);
    gpio_set_value(BUZZER_PMW_GPIO, 0);
    /*动态注册设备号*/
    ret = alloc_chrdev_region(&devno,minor,DEVICE_NUM,"pwmdriver");
    /*获得主设备号*/
    major = MAJOR(devno);
    printk(KERN_INFO "dynamic adev_region major is %d !\n",major);
    if(ret < 0)
    {
        printk(KERN_INFO "register_chrdev_region req %d is failed!\n",major);
        goto ERR2;
    }
    else
    {
        cdev_init(&pwm_dev_cdev,&pwm_ops);
        pwm_dev_cdev.owner = THIS_MODULE;
        ret = cdev_add(&pwm_dev_cdev,devno,DEVICE_NUM);
        if(ret < 0)
        {
            printk(KERN_INFO "cdev_add %d is failed!\n",ret);
            goto ERR3;
```

```
        }
        else
        {
            pwm_class = class_create(THIS_MODULE, DEVICE_NAME);
            device_create(pwm_class, NULL, devno, NULL, DEVICE_NAME);
        }
    }
    //地址映射
    timer_base = ioremap(TIMER_BASE,0x20);
    if(timer_base == NULL)
    {
        printk(KERN_INFO "ioremap failed!\n");
        ret = -ENOMEM;
        goto ERR4;
    }
    printk(KERN_INFO DEVICE_NAME"\tinitialized\n");
    return 0;

ERR4:
    device_destroy(pwm_class, devno);
    class_unregister(pwm_class);
    class_destroy(pwm_class);
    cdev_del(&pwm_dev_cdev);
ERR3:
    unregister_chrdev_region( devno, DEVICE_NUM);
ERR2:
    gpio_free(BUZZER_PMW_GPIO);
ERR1:
    return ret;
}

//设备在卸载 rmmod 的过程中会调用这个函数
Static void __exit pwm_dev_exit(void)
{
    dev_t devno = MKDEV(major,minor);
    printk("pwm_exit start");

    gpio_free(BUZZER_PMW_GPIO);
    device_destroy(pwm_class, devno);
    class_unregister(pwm_class);
    class_destroy(pwm_class);
    cdev_del(&pwm_dev_cdev);
    unregister_chrdev_region(devno, DEVICE_NUM);
    iounmap(timer_base);
    printk(KERN_INFO"pwm_dev_exit!\n");
    return ;
}

//模块初始化
module_init(pwm_dev_init);
//销毁模块
```

```
module_exit(pwm_dev_exit);
//描述 PWM 设备
MODULE_DESCRIPTION("Exynos4 PWM Driver");
```

新建 makefile 文件，存放在与代码相同的目录下，文件内容如下：

```
#!/bin/bash
obj-m =pwm_driver.o
KERNELDIR := /root/yizhi/boot-kernel-source/xitee4412_Kernel_3.0
PWD:=$(shell pwd)
modules:
    $(MAKE) -C $(KERNELDIR) M=$(PWD) modules
modules_install:
    $(MAKE) -C $(KERNELDIR) M=$(PWD) modules_install
clean:
    rm -rf *.o ~core.depend *.ko *.mod.c *.*.cmd.tmp_versions
```

5.7.6 简单测试程序

在 PWM 测试应用程序中，根据 PWM 驱动设计的三个文件操作 open、close、ioctl 操作对应的 PWM 设备驱动文件/dev/pwm，以实现对 PWM 的控制。本例中，通过 PWM 驱动设置不同频率的音调及不同音调的播放时间，控制蜂鸣器的音乐输出。程序代码 pwm_test.c 如下：

```
/*  pwm_test.c  */
#include <stdio.h>
#include <stdlib.h>
#include <unistd.h>
#include <fcntl.h>
#include <string.h>
#include <sys/types.h>
#include <sys/stat.h>
#include <sys/ioctl.h>

#define PWM_ON   _IO('K',0)
#define PWM_OFF  _IO('K',1)
#define PWM_SET_PRE   _IOW('K',2,int)
#define PWM_SET_FREQ  _IOW('K',3,int)

int main()
{
    int i=0;
    int dev_fd;
    int pre=255;

    dev_fd=open("/dev/pwm", O_RDWR|O_NONBLOCK);
    if(dev_fd<0)
    {
        printf("error!\n");
        return -1;
```

```
    }
    ioctl(dev_fd, PWM_ON);
    ioctl(dev_fd,PWM_SET_PRE,pre);
    for(i=0;i<5;i++)
    {
        ioctl(dev_fd, 261);
        usleep(300000);
        ioctl(dev_fd, 294);
        usleep(300000);
        ioctl(dev_fd, 330);
        usleep(300000);
        ioctl(dev_fd, 349);
        usleep(300000);
    }
    ioctl(dev_fd,PWM_OFF);
    close(dev_fd);
    return 0;
}
```

编译测试 pwm_test.c，输入以下命令，生成可执行程序 pwm_test。

```
arm-linux-gcc  -o  pwm_test  pwm_test.c
```

将生成的驱动程序 pwm_driver.ko 及测试程序 pwm_test 下载到开发板中，首先加载驱动，其次运行可执行程序 pwm_test，然后卸载驱动，命令如下：

```
insmod pwm_driver.ko
./pwm_test
rmmod   pwm_driver
```

5.7.7 PWM 音乐播放器设计

将歌谱存放在数组中，利用结构 Note 记录音调和音调持续时间，循环调用 ioctl 函数提供的 PWM_SET_FREQ 命令修改 PWM 输出的频率，即可得到不同音调的声音。

本例所需的 PWM 驱动程序如 5.7.5 节所示，需要先把驱动安装到系统中，然后再执行项目程序。

程序代码 pwm_music.c 及 pwm_music.h 如下：

```
/*  pwm_music.c  */
#include <stdio.h>
#include <stdlib.h>
#include <unistd.h>
#include <fcntl.h>
#include <string.h>
#include <sys/types.h>
#include <sys/stat.h>
#include <sys/ioctl.h>
#include "pwm_music.h"

int main()
```

```
{
int i=0;
int dev_fd;
int pre=255;

dev_fd=open("/dev/pwm", O_RDWR|O_NONBLOCK);
if(dev_fd<0)
{
     printf("error!\n");
     return -1;
}
ioctl(dev_fd, PWM_ON);
ioctl(dev_fd,PWM_SET_PRE,pre);
for(i=0;i<sizeof(Twotigers)/sizeof(Note);i++)
{
    ioctl(dev_fd,PWM_SET_FREQ,Twotigers[i].pitch);
    usleep(Twotigers[i].dimation*50);
}
ioctl(dev_fd,PWM_OFF);
close(dev_fd);
return 0;
}

/*  pwm_music.h  */
#ifndef _PWM_MUSIC_H
#define _PWM_MUSIC_H

#define PWM_ON _IO('K',0)
#define PWM_OFF _IO('K',1)
#define PWM_SET_PRE _IOW('K',2,int)
#define PWM_SET_FREQ _IOW('K',3,int)
typedef struct{
    int pitch;
    int dimation;
}Note;

#define DO  261
#define RE  294
#define MI  330
#define FA  349
#define SOL 392
#define LA  440
#define SI  494

#define TIME 6000
Note Twotigers[]={
{DO,TIME},{RE,TIME},{MI,TIME},{DO,TIME},
{DO,TIME},{RE,TIME},{MI,TIME},{DO,TIME},
{MI,TIME},{FA,TIME},{SOL,TIME*2},
{MI,TIME},{FA,TIME},{SOL,TIME*2},
{SOL,TIME/2},{LA,TIME/2},{SOL,TIME/2},{FA,TIME/2},{MI,TIME},{DO,TIME},
```

```
{SOL,TIME/2},{LA,TIME/2},{SOL,TIME/2},{FA,TIME/2},{MI,TIME},{DO,TIME},
{RE,TIME},{SOL/2,TIME},{DO,TIME*2},
{RE,TIME},{SOL/2,TIME},{DO,TIME*2},
};
#endif
```

编译测试 pwm_music.c，输入以下命令，生成可执行程序 pwm_music。

```
arm-linux-gcc  -o  pwm_music  pwm_music.c
```

将生成的驱动程序 pwm_driver.ko 及测试程序 pwm_music 下载到开发板中，先加载驱动，再运行可执行程序 pwm_music，然后卸载驱动。卸载命令如下，运行结果如图 5-13 所示。

```
insmod pwm_driver.ko
./pwm_music
rmmod   pwm_driver
```

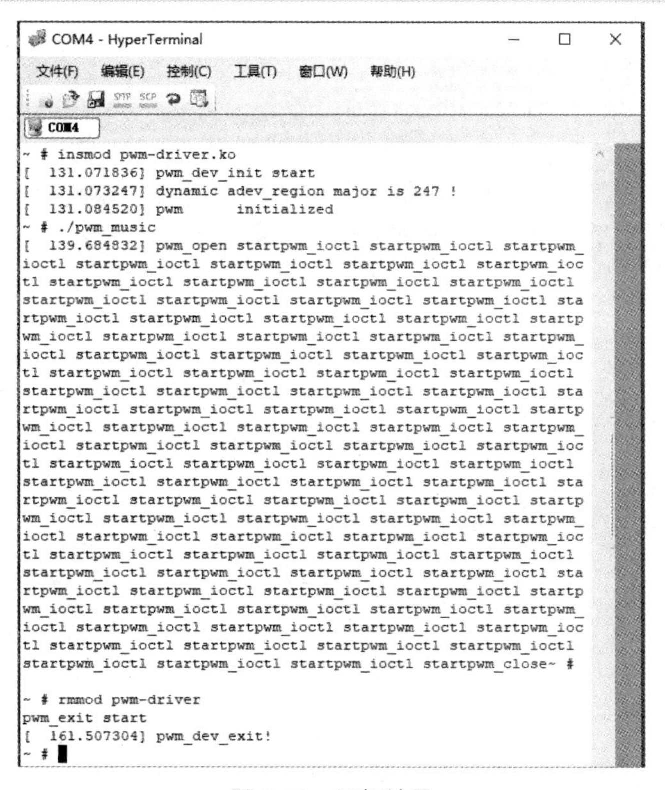

图 5-13　运行结果

5.8 项目实例 3——按键驱动

在驱动中经常使用中断，中断可以高效及时地响应外部事件，提高系统的效率。在系统中使用中断通常遵循注册中断号、登记中断处理程序、在中断处理程序中处理外部事件等步骤。

本节先介绍 Linux 提供的与中断相关的函数使用方法，再以独立按键为例介绍如何在驱动中实现中断。

5.8.1 中断相关函数

1. 中断申请

使用中断函数时必须包含头文件<linux/interrupt.h>，函数原型为：

```
int request_irq(unsigned int irq, irq_handler_t handler, unsigned long
flags, const char *name, void *dev);
```

其中，irq 是中断号。handler 是向系统登记的中断处理函数的指针。只要系统接收到中断，就会自动调用这个指针所指向的函数。函数指针的声明为 irqreturn_t (*irq_handler_t)(int, void *)。

flags 是触发标志位，表 5-19 中列出了常用的触发标志位，这些标志位可使用“|”实现多种组合。其中 IRQF_TRIGGER_**表示中断触发方式，如上升沿触发或下降沿触发等，常用的标志位还有 IRQF_DISABLED，该标志位表示中断处理程序是快速处理程序，在中断处理函数中屏蔽其他中断。另外，还有 IRQF_SHARED 标志位，该标志位表示可运行多个设备共享该中断，处理程序之间通过 dev 来进行区分，若中断由某个处理程序独占，则 dev 可以设置为 NULL。

表 5-19 常用的触发标志位表

类　型	描　述	类　型	描　述
IRQF_TRIGGER_NONE	无触发	IRQF_TRIGGER_LOW	低电平触发
IRQF_TRIGGER_RISING	上升沿触发	IRQF_DISABLED	在中断处理函数中屏蔽其他中断
IRQF_TRIGGER_FALLING	下降沿触发	IRQF_SHARED	可多个设备共享中断
IRQF_TRIGGER_HIGH	高电平触发	IRQF_ONESHOT	单次中断

name 是中断名称，在注册之后可以通过“cat /proc/interrupts”查看。

dev 是传入中断处理函数的参数。若不使用中断共享，dev 可设置为 NULL；若使用中断共享，dev 一般作为中断区别参数，常使用结构体指针传递设备信息。

2. 中断释放

一旦不再使用中断，一定要将中断释放。释放中断通过 free_irq()函数实现。与 request_irq()一样，使用该函数必须包含头文件<linux/interrupt.h>，函数原型为：

```
void free_irq(unsigned int irq, void *dev);
```

其中，irq 是中断号。dev 代表设备，如果中断是该设备独占的，需要将 dev 设置为 NULL；如果是共享中断，需要将 dev 设置为中断处理程序指针。

3. 使能中断和禁止中断

Linux 系统中必须使用使能中断才能令中断起作用，否则，即使满足了触发条件也不能触发中断函数的运行。另外，如果中断不使用了，可以将中断禁止，这两个函数包含在头文件<linux/interrupt.h>中，函数原型如下：

```
void disable_irq(unsigned int irq);//使能中断
void enable_irq(unsigned int irq);      //禁止中断
```

其中，irq 是中断号。

4．GPIO 号与中断号的转换

使用以下函数可由 GPIO 号得到对应的中断号，函数原型如下：

```
int gpio_to_irq(unsigned gpio);
```

5.8.2 独立按键驱动

1．按键电路接口

在本书使用的开发板中一共设计了 5 个独立按键，分别连接到 GPX1_1、GPX1_2、GPX3_3、GPX2_0、GPX2_1，分别对应 XEINT9、XEINT10、XEINT27、XEINT16、XEINT17。在本例中只讲解第一个和第二个按键的处理方法，可参考这一处理方法对其他按键进行处理。

从图 5-14 所示的按键电路图中可看出，按键的 GPIO 默认状态为高电平，当有按键按下时，GPIO 变为低电平，因此采用下降沿触发。

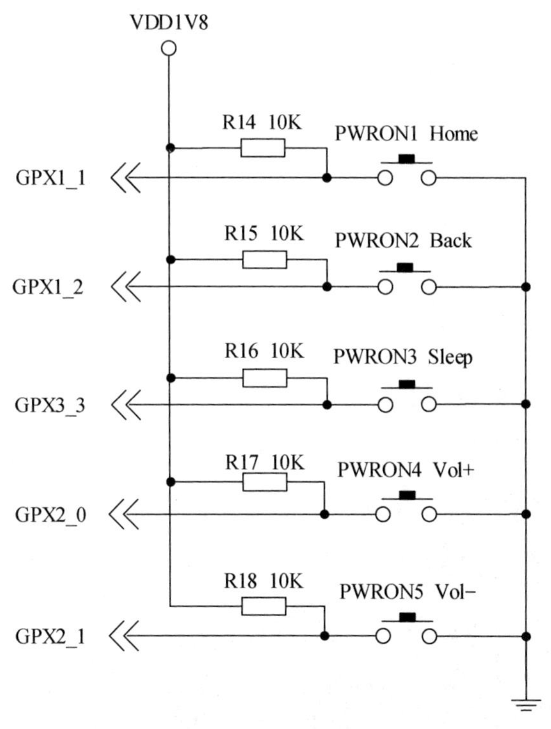

图 5-14 按键电路图

由于在按键驱动中，不需要设备文件的读写和其他操作，因此只简单实现了 open、release 和初始化操作。在初始化操作中实现对中断的登记和注册。

中断的处理需要先将对应的 GPIO 设置为中断功能，如表 5-20 所示。

表 5-20　GPX1CON

GPX1CON	位	描　　述	默 认 值
GPX1CON[6]	27:24	0x0=输入；0x1=输出；0x2=保留；0x3=KP_COL[7]； 0x4=保留；0x5=ALV_DBG[11]；0x6 to 0xE=保留； 0xF=中断 INT1[7]	0x0
…	…	…	…
GPX1CON[2]	11:8	0x0=输入；0x1=输出；0x2=保留；0x3=KP_COL[2]； 0x4=保留；0x5=ALV_DBG[6]；0x6 to 0xE=保留； 0xF=中断 INT1[2]	0x0
GPX1CON[1]	7:4	0x0=输入；0x1=输出；0x2=保留；0x3=KP_COL[1]； 0x4=保留；0x5=ALV_DBG[5]；0x6 to 0xE=保留； 0xF=中断 INT1[1]	0x0
GPX1CON[0]	3:0	0x0=输入；0x1=输出；0x2=保留；0x3=KP_COL[0]； 0x4=保留；0x5=ALV_DBG[4]；0x6 to 0xE=保留； 0xF=中断 INT1[0]	0x0

```
#include <linux/init.h>
#include <linux/module.h>
#include <linux/gpio.h>
#include <plat/gpio-cfg.h>
#include <mach/gpio.h>
#include <mach/gpio-exynos4.h>
//中断函数头文件
#include <linux/irq.h >
#include <linux/interrupt.h >
//按键号
#define KEY1  EXYNOS4_GPX1(1)
#define KEY2  EXYNOS4_GPX1(2)
//中断号
int key_irq1 = gpio_to_irq(KEY1);
int key_irq2 = gpio_to_irq(KEY2);

#define DEVICE_NUM   1
static int major = 0;
static int minor = 0;
struct cdev key_dev_cdev;

static int key_irq_open(struct inode *inode, struct file *file )
{
    printk(KERN_INFO "key dev opened!\n");
    return 0;
}
static int key_irq_release(struct inode *inode, struct file *file )
{
    printk(KERN_INFO "keydev release!\n");
    return 0;
}
```

```
static irqreturn_t key _irq_handler (unsigned int irq, void *dev_id)
{
    printk(KERN_INFO "key irq handle!\n");
    if(irq==key_irq1) printk(KERN_INFO "key1!\n");
    else if (irq==key_irq2) printk(KERN_INFO "key2!\n");
    return IRQ_HANDLED;
}

struct file_operations key_irq_fops = {
    .owner    = THIS_MODULE,
    .open     = key_irq_open,
    .release = key_irq_release,
};

static int __init key_irq_init(void)
{
    int ret=0;
    dev_t devno;
    printk(KERN_INFO"key _init!\n");

    /* 设置 GPIO 为中断功能*/
    s3c_gpio_cfgpin (KEY1,S3C_GPIO_SFN(0xF) );
    s3c_gpio_cfgpin (KEY2,S3C_GPIO_SFN(0xF) );
    if(request_irq(key_irq1,key_irq__handler,IRQF_TRIGGER_FALLING
|IRQF_DISABLED, "key_irq", NULL))
    {
        enable_irq(key_irq1);
    }
    if(request_irq(key_irq2,key_irq_handler,IRQF_TRIGGER_FALLING
|IRQF_DISABLED,"key_irq", NULL))
    {
        enable_irq(key_irq2);
    }
    ret = alloc_chrdev_region(&devno,minor,1,"key_test");
    major = MAJOR(devno);
    cdev_init(&key_dev_cdev,&key_dev_fops);
    key_dev_cdev.owner = THIS_MODULE;

    ret = cdev_add(&key_dev_cdev,devno,DEVICE_NUM);
    if(ret < 0)
    {
        printk(KERN_INFO "cdev_add %d is failed!\n",ret);
        disable_irq(key_irq1);
        disable_irq(key_irq2);
        unregister_chrdev_region(devno,1);
    }
    return ret;
}

static void __exit key_irq_exit(void)
{
```

```
    disable_irq(key_irq1);
    disable_irq(key_irq2);

    dev_t devno = MKDEV(major,minor);
    cdev_del(&key_dev_cdev);

    unregister_chrdev_region(devno,DEVICE_NUM);
    printk(KERN_INFO"key_dev_exit!\n");
    return ;
}

module_init( key_irq_init);
module_exit( key_irq_exit);
```

驱动编译后，使用 insmod 命令将驱动安装到系统，然后按下按键 1 和按键 2，可以看到按键事件被检测到，中断程序执行并打印出相应的提示信息。

```
key _init!
key irq handle!
key1!
key irq handle!
key2!
```

5.9 项目实例 4——温度传感器驱动

本例中采用的温度传感器为 DS18B20，该传感器的引脚功能如表 5-21 所示。由于 CPU 引脚输出电压是 1.8V，因此需接入电平转换模块，转换后数据引脚 DQ 接入 CPU 的 GPA0_7 引脚。其驱动程序如下。

表 5-21　DS18B20 传感器的引脚功能表

引　脚	功　能
VDD	外接电源输入端
DQ	数据输入输出引脚（3.0～5.5V）
GND	电源地

```
#include <linux/init.h>
#include <linux/module.h>
#include <linux/delay.h>
#include <linux/kernel.h>
#include <linux/init.h>
#include <linux/slab.h>
#include <linux/input.h>
#include <linux/errno.h>
#include <asm/uaccess.h>
#include <linux/sched.h>
#include <linux/fs.h>
#include <asm/irq.h>
```

```
#include <linux/gpio.h>
#include <plat/gpio-cfg.h>
#include <mach/gpio.h>
#include <mach/gpio-exynos4.h>
#include <linux/cdev.h>
#include <linux/device.h>

#define DEVICE_NAME "ds18b20"
#define DS18B20_DQ          EXYNOS4_GPA0(7)

dev_t devno;
struct cdev ds18b20_cdev;
static struct class *ds18b20_class;

MODULE_LICENSE("Dual BSD/GPL");

unsigned char ds_init(void)                    //ds18b20 复位
{
    unsigned char ret = 1;
    int i =0;

    s3c_gpio_cfgpin(DS18B20_DQ,S3C_GPIO_OUTPUT);
    s3c_gpio_setpull(DS18B20_DQ, S3C_GPIO_PULL_DOWN);
    gpio_direction_output(DS18B20_DQ,0);
    udelay(250);
    gpio_direction_output(DS18B20_DQ,0);    //复位脉冲
    udelay(500);                            //延时( >480μs )
    gpio_direction_output(DS18B20_DQ,1);    //拉高数据线
    s3c_gpio_cfgpin(DS18B20_DQ, S3C_GPIO_INPUT);
    while((ret==1)&&(i<5))                  //判断 18B20 存在与否
    {
        ret = gpio_get_value(DS18B20_DQ);
        udelay(10);
        i++;
    }
    if(ret==0){  return 0;  }
    else{  return -1;  }
}

unsigned char read_byte(void)                       //从 18b20 读 1 个字节
{
    unsigned char i;
    unsigned char data=0;
    s3c_gpio_cfgpin(DS18B20_DQ,S3C_GPIO_OUTPUT);    //设置为输出
    for(i=0;i<8;i++)   {
        data >>= 1;
        gpio_direction_output(DS18B20_DQ,0);        //低电平保持 1μs 以上
        udelay(1);
        gpio_direction_output(DS18B20_DQ,1);        //数据线升为高电平，产生读信号
        s3c_gpio_cfgpin(DS18B20_DQ,S3C_GPIO_INPUT);
```

```
        udelay(10);
        if(gpio_get_value(DS18B20_DQ))
            data |= 0x80;
        udelay(50);
        s3c_gpio_cfgpin(DS18B20_DQ,S3C_GPIO_OUTPUT);
        gpio_direction_output(DS18B20_DQ,0);
        gpio_direction_output(DS18B20_DQ,1);
    }
    return data;
}

void write_byte(char data)  //向 18b20 写 1 个字节
{
    int i = 0;
    s3c_gpio_cfgpin(DS18B20_DQ,S3C_GPIO_OUTPUT);
    s3c_gpio_setpull(DS18B20_DQ, S3C_GPIO_PULL_UP);
    for(i=0;i<8;i++){          //将需要写入的字节按位送到数据线上
        gpio_direction_output(DS18B20_DQ,0);
        udelay(10);
        gpio_direction_output(DS18B20_DQ,1);
        gpio_direction_output(DS18B20_DQ, data&0x01);
        udelay(40);
        gpio_direction_output(DS18B20_DQ,1);
        udelay(2);
        data >>= 1;
    }
}

static ssize_t ds18b20_read(struct file *file, char __user *buffer, size_t
count, loff_t *ppos)
{
    unsigned int ret = 0;
    unsigned int th = 0,tl = 0;

    ds_init( );
    udelay(500);
    write_byte(0xcc);
    write_byte(0x44);          //启动温度转换
    ds_init( );
    udelay(500);
    write_byte(0xcc);
    write_byte(0xbe);          //准备读温度数据
    tl= read_byte( );          //读温度 LSB
    th= read_byte( );          //读温度 MSB
    th<<=8;
    th|=tl;                    //获取温度
    ret=copy_to_user(buffer, &th, sizeof(th));
    if(ret>0){  return 0;  }
    return -1;
}
```

```
static int ds18b20_open(struct inode *inode, struct file *file)
{
    printk("Device Opened!\n");
    return 0;
}

static int ds18b20_close(struct inode *inode, struct file *file)
{
    printk("Device Closed!\n");
    return 0;
}

static struct file_operations ds18b20_ctl_ops = {
    .owner = THIS_MODULE,
    .open = ds18b20_open,
    .read    = ds18b20_read,
    .release = ds18b20_close,
};

static int ds18b20_init(void)
{
    int ret;
    printk("ds18b20 Init\n");
static int ds18b20_close(struct inode *inode, struct file *file)
{
    printk("Device Closed!\n");
    return 0;
}

static struct file_operations ds18b20_ctl_ops = {
    .owner = THIS_MODULE,
    .open = ds18b20_open,
    .read    = ds18b20_read,
    .release = ds18b20_close,
};

static int ds18b20_init(void)
{
    int ret;
    printk("ds18b20 Init\n");
    ret = gpio_request(DS18B20_DQ,"GPA0_7");
    if(ret)
    {
        printk( "gpio_request  failed!\n");
        goto NOERR;
    }
    ret=ds_init();
    if(ret)
    {
        printk( "DS18B20 init failed!\n");
        goto ERR1;
```

```
    }
    else
        printk( "DS18B20 init ok!\n");

    s3c_gpio_cfgpin(DS18B20_DQ,S3C_GPIO_OUTPUT);
    gpio_direction_output(DS18B20_DQ, 1);

    ret = alloc_chrdev_region(&devno,0,1,"char_test"); //注册设备
    if(ret < 0)
    {
        printk( "register_chrdev_region req %d\n is failed!\n",devno);
        goto ERR1;
    }
    else
    {
        cdev_init(&ds18b20_cdev,&ds18b20_ctl_ops);
        ds18b20_cdev.owner = THIS_MODULE;
        ret = cdev_add(&ds18b20_cdev,devno,1);
        if(ret < 0)
        {
            printk(KERN_INFO "cdev_add %d is failed!\n",devno);
            goto ERR2;
        }
        else
        {
            ds18b20_class = class_create(THIS_MODULE, DEVICE_NAME);
            device_create(ds18b20_class, NULL, devno, NULL, DEVICE_NAME);
            goto NOERR;
        }
    }
ERR2:
    unregister_chrdev_region(devno,1);
ERR1:
    gpio_free(DS18B20_DQ);
NOERR:
    return ret;
}
static void ds18b20_exit(void)
{
    printk("ds18b20_exit\n");
    gpio_free(DS18B20_DQ);
    device_destroy(ds18b20_class, devno);
    class_destroy(ds18b20_class);
    cdev_del(&ds18b20_cdev);
    unregister_chrdev_region(devno,1);
    return ;
}
module_init(ds18b20_init);
module_exit(ds18b20_exit);
```

驱动完成后，需要编写测试程序，在本测试程序中，可测试当前温度，程序较简单，

源代码文件 ds18b20_test.c 如下：

```
/* ds18b20_test.c */
#include <stdio.h>
#include <sys/types.h>
#include <sys/stat.h>
#include <fcntl.h>
#include <unistd.h>
#include <stdlib.h>
#include <sys/ioctl.h>
#include <string.h>
#define K 0.0625

int main( )
{
    int fd,i;
    unsigned int data;
    float tmp=0;
    char *dev_file = "/dev/ds18b20";

    if((fd = open(dev_file,O_RDWR|O_NOCTTY))<0)
    {
        printf("file open %s failed\n",dev_file);
        return -1;
    }
    for(i=0;i<3;i++)
    {
        read(fd, &data, sizeof(data));
        printf("read data:%d  ",data);
        sleep(1);
    }
    tmp=data*K;
    printf("currently temperature: %f\n",tmp);
    close(fd);
    return 0;
}
```

5.10 项目实例 5——步进电机驱动

本例采用 28BYJ48 型四相八拍步进电机，其电路原理图如图 1-7 所示，当对步进电机施加一系列连续不断的控制脉冲时，它可以连续不断地转动。每施加一个脉冲信号，对应步进电机的某一相或两相绕组的通电状态就改变一次，对应转子转过一定的角度。步进电机的控制引脚一共有四个，分别接到 GPJ0_3 至 GPJ0_6 引脚。其驱动程序如下：

```
#include <linux/init.h>
#include <linux/module.h>
#include <linux/fs.h>
```

```
#include <linux/gpio.h>
#include <plat/gpio-cfg.h>
#include <mach/gpio.h>
#include <mach/gpio-exynos4.h>
#include <linux/delay.h>
#include <asm/uaccess.h>
#include <linux/string.h>
#include <linux/cdev.h>
#include <linux/device.h>

#define step_motor_A  EXYNOS4212_GPJ0(3)
#define step_motor_B  EXYNOS4212_GPJ0(4)
#define step_motor_C  EXYNOS4212_GPJ0(5)
#define step_motor_D  EXYNOS4212_GPJ0(6)

static int motor_gpios[]={
step_motor_A,
step_motor_B,
step_motor_C,
step_motor_D
};
#define motor_num  ARRAY_SIZE(motor_gpios)
#define CMD_ONE_CIRCLE  _IOW('L', 0, unsigned long)
#define CMD_90_DEGREE   _IOW('L', 1, unsigned long)
#define CMD_STEP        _IOW('L', 2, unsigned long)
#define CMD_DEGREE      _IOW('L', 3, unsigned long)

#define DEVICE_NAME     "motor_driver"
MODULE_LICENSE("Dual BSD/GPL");
dev_t devno;
struct cdev motor_cdev;
static struct class *motor_class;

int dir;     //0:顺时针, 1:逆时针
int beat;    //1:四拍, 2:八拍
int delayms; //延时时间, 调节快慢
void moterRun(unsigned int pulseCount,int pulseArray[],unsigned int delayms)
{
    int count,t,j;
    for(count=0;count<pulseCount;count++)
    {
        t=pulseArray[count%(4*beat)];
        printk("t = %d , \n",t);
        for(j=4;j>0;j--)//十进制转二进制并赋值
        {
            gpio_set_value(motor_gpios[j-1], t%2);
            t=t/2;
        }
        mdelay(delayms);
    }
}
```

```
static int motor_close(struct inode *inode, struct file *file)
{
    printk(KERN_INFO "motor close\n");
    return 0;
}

static int motor_open(struct inode *inode, struct file *file)
{
    printk(KERN_INFO "motor open\n");
    return 0;
}

static long motor_ioctl(struct file *filep, unsigned int cmd,
 unsigned long arg)
{
    int temptValue[8]={0x08,0x0c,0x4,0x6,0x2,0x3,0x1,0x9};
    int value[4*beat];
    int i,j,count;

    if(dir)//逆时针
    {
        if(beat==2)//逆时针，八拍
        {
            for(i=0;i<8;i++)
            {
                value[i]=temptValue[7-i];
            }
        }
        else//逆时针，四拍
        {
            for(i=0;i<4;i++)
            {
                value[3-i]=temptValue[2*i];
            }
        }
    }
    else//顺时针
    {
        if(beat==2)//顺时针，八拍
        {
            for(i=0;i<8;i++)
            {
                value[i]=temptValue[i];
            }
        }
        else//顺时针，四拍
        {
            for(i=0;i<4;i++)
            {
                value[i]=temptValue[2*i];
            }
```

```
        }
    }
        switch(cmd)
    {
        case CMD_ONE_CIRCLE:    //1 圈
            count = 32*beat*64;
            moterRun(count,value,delayms);
        break;

        case CMD_90_DEGREE:     // 1/4 圈
            count = (32*beat*64)/4;
            moterRun(count,value,delayms) ;
        break;

        case CMD_STEP:          //按照步距, arg 为转动多少步
            moterRun(arg,value,delayms);
        break;

        case CMD_DEGREE:        //按照度数, arg 为转动多少度
        {
            count = ((32*beat*64)/360) * arg;
            moterRun(count,value,delayms);
        }
        break;
        default:
            return -EINVAL;
    }
    for(j=0;j<4;j++)            //停下
    {
        gpio_set_value(motor_gpios[j], 0);
    }
    return 0;
}

static ssize_t motor_write(struct file *filp, const char __user *buffer,
size_t count, loff_t *ppos)
{
    if(count != 3){
        printk("write data err!\n");
        return -1;
    }
    dir=(int)buffer[0];
    beat=(int)buffer[1];
    delayms=(int)buffer[2];
    return count;
}

static struct file_operations motor_ops = {
    .owner          = THIS_MODULE,
    .open           = motor_open,
    .release        = motor_close,
```

```
    .unlocked_ioctl = motor_ioctl,
    .write          = motor_write,
};

static int __init motor_dev_init(void)
{
    int ret=0,i;
    printk("motor_dev_init\n");

    for(i=0; i<motor_num; i++)
        gpio_free(motor_gpios[i]);
    //申请 gpio, 并初始化
    for(i=0;i<motor_num;i++)
    {
        ret = gpio_request(motor_gpios[i], "step_motor");
        if (ret)
            printk( "%s: request GPIO %d for motor failed, ret = %d\n",
DEVICE_NAME,i, ret);
        else
        {
            s3c_gpio_cfgpin(motor_gpios[i], S3C_GPIO_OUTPUT);
            gpio_set_value(motor_gpios[i], 0);
        }
    }
    /*注册设备*/
    ret = alloc_chrdev_region(&devno,0,1, DEVICE_NAME);
    if(ret < 0)
        printk("register_chrdev_region req %d\n is failed!\n",devno);
    else
    {
        cdev_init(&motor_cdev,&motor_ops);
        motor_cdev.owner = THIS_MODULE;
        ret = cdev_add(&motor_cdev,devno,1);
        if(ret < 0)
        {
            printk(KERN_INFO "cdev_add %d is failed!\n",devno);
            unregister_chrdev_region(devno,1);
        }
        else
        {
            motor_class = class_create(THIS_MODULE, DEVICE_NAME);
            device_create(motor_class, NULL, devno, NULL,DEVICE_NAME);
        }
    }
    return ret;
}

static void __exit motor_dev_exit(void)
{
    int i;
    for(i=0; i<motor_num; i++)
```

```
        gpio_free(motor_gpios[i]);
    device_destroy(motor_class, devno);
    class_destroy(motor_class);
    cdev_del(&motor_cdev);
    unregister_chrdev_region(devno,1);
    printk(KERN_INFO"motor_exit!\n");
}

module_init(motor_dev_init);
module_exit(motor_dev_exit);
```

驱动完成后，需要编写测试程序，在本测试程序中，可根据程序参数控制步进电机的正转或反转，以及转动的步数和速度。程序较简单，源代码文件 motor_test.c 如下：

```
/*motor_test.c*/
#include <stdio.h>
#include <sys/types.h>
#include <sys/stat.h>
#include <fcntl.h>
#include <unistd.h>
#include <sys/ioctl.h>
#include <string.h>

#define CMD_ONE_CIRCLE      _IOW('L', 0, unsigned long)
#define CMD_90_DEGREE       _IOW('L', 1, unsigned long)
#define CMD_STEP            _IOW('L', 2, unsigned long)
#define CMD_DEGREE          _IOW('L', 3, unsigned long)

#define HIGHT 1
#define LOW 0

int main(int argc,char *argv[])
{
    int fd,motor_num,motor_c;
    char *motor = "/dev/motor_driver";

    if(argc!=4)
    {
        printf("./motortest dir beat delayms\n");
        return -1;
    }

    //使用方法如下：./motortest 1 1 10 顺时针四拍，每拍延时 10ms
    printf("argv[1] = %s \n",argv[1]); //dir: 0—逆时针转，1—顺时针
    printf("argv[2] = %s \n",argv[2]); //beat: 1—四拍，2—八拍
    printf("argv[3] = %s \n",argv[3]); //delayms: 每个节拍延时的毫秒

    if((fd = open(motor, O_RDWR|O_NOCTTY|O_NDELAY))<0)
    {
        printf("open %s failed\n",motor);
        return -1;
```

```
    }
    else

    {
        char buf[3];
        buf[0]=(char)(atoi(argv[1]));
        buf[1]=(char)(atoi(argv[2]));
        buf[2]=(char)(atoi(argv[3]));

        //将 dir、beat、delayms 先传入驱动
        int wr_len = write(fd,buf,strlen(buf));
        printf("wr_len = %d \n",wr_len);

        //使用 ioctl 函数将参数传入内核
        printf("turn 1 circle\n");
        ioctl(fd,CMD_ONE_CIRCLE,1);

        printf("turn 1/4 circle\n");
        ioctl(fd,CMD_90_DEGREE,1);

        printf("turn 2048 step\n");
        ioctl(fd,CMD_STEP,2048);

        printf("turn 180 degree\n");
        ioctl(fd,CMD_DEGREE,180);
    }
    close(fd);
    return(0);
}
```

5.11 习题

1．驱动程序运行在操作系统的________态，应用程序运行在操作系统的_______态。驱动程序中打印信息的函数使用_______，应用程序中打印信息的函数一般使用________。

2．字符设备文件类型的标志是_________，块设备文件类型的标志是___________。可将模块从内核中卸载的命令是_____________，安装模块的命令是______________。

3．关于内核模块的描述，正确的是（　　）。

A．模块一旦加载到内核中，即不可卸载

B．模块运行于用户空间

C．模块一旦链接到内核，就与内核中原有的代码完全等价

D．模块是可独立执行的程序

4．代码 GPDR0 &~(0xf) | (0x2 <<1)用于（　　）。

A．使得 GPDR0 的低四位全部为 0

B．使得 GPDR0 的第 3 位（从右边第 0 位开始）置 1

C．使得 GPDR0 的第 2 位（从右边第 0 位开始）置 1

D．使得 GPDR0 的低四位全部为 1

5．关于模块的功能，错误的是（　　）。

A．模块编译时必须指定操作系统所在路径

B．模块程序的入口是 main 函数

C．可通过模块扩展内核功能

D．模块的编译必须使用 Makefile

6．以下关于 Linux 驱动程序的说明，错误的是（　　）。

A．每个设备文件的主次设备号都不能相同

B．主设备号相同的设备使用相同的驱动程序

C．驱动程序就是与某个设备号对应的函数和数据结构的集合

D．驱动程序可采用动态加载方式加入系统

7．在计算机上可以运行的程序，下载到开发板上运行却报错“无法识别的二进制代码”，一般的原因是（　　）。

A．程序编译出错

B．没有修改运行权限

C．使用了错误的编译器

D．下载错误

第6章

嵌入式数据库

6.1 本章目标

思政目标

数据库的设计和管理过程需要遵循科学、精确和负责任的原则，通过本章的学习，读者应深刻理解道德和责任在技术领域的重要性，并理解在处理数据信息的过程中保护用户隐私和数据安全的重要性，在工作中能够正确使用数据来服务社会。

学习目标

随着微电子技术和存储技术的不断发展，嵌入式设备的功能愈发完善，嵌入式系统中的应用程序日益复杂，数据处理量不断增加，大量数据需要统一的存储和管理。桌面领域中的大型数据库无法照搬到嵌入式系统中，因而需要开发小得多的嵌入式数据库，实现数据管理的高实时性、高一致性。通过本章的学习，读者应掌握嵌入式数据库的概念及典型的嵌入式数据库——SQLite 数据库的使用方法。

6.2 嵌入式数据库概述

嵌入式数据库是指支持移动计算或者某种特定计算模式的数据库管理系统，它通常与操作系统和应用程序集成在一起，运行在智能型嵌入式设备或移动设备上，被应用程序启动，并伴随应用程序的退出而终止。

与传统的数据库系统相比，嵌入式数据库一般体积较小，有较强的便携性和易用性，以及较为完备的功能来实现用户对数据的管理操作。但是，由于嵌入式系统的资源限制，它无法作为一个完整的数据库来提供大容量的数据管理，而且嵌入式设备可随处放置，受环境影响较大，数据可靠性较低。

在实际应用中，为了弥补嵌入式数据库存储容量小、可靠性低的不足，通常在计算机上配置后台数据库来实现大容量数据的存储和管理。嵌入式数据库作为前端设备，需要一个图形用户界面（GUI）来实现嵌入式终端上的人机交互，并通过串口实现与计算机上主数据源之间的数据交换，实现系统服务器端数据的管理、接收嵌入式终端上传的数据和下载数据到嵌入式终端等操作。

嵌入式数据库以目前成熟的数据库技术为基础，针对嵌入式设备的具体特点，实现对嵌入式设备上数据的存储、组织和管理。嵌入式数据库具有以下几个主要特点。

1. 嵌入性

嵌入性是嵌入式数据库的基本特征。嵌入式数据库不仅可以嵌入其他的软件中，还可以嵌入硬件设备当中。嵌入式数据库通常与具体应用程序集成在一起，无须专门的数据库引擎，只需要调用相应的函数就可以实现创建表、插入和删除数据等常规的数据库操作。应用程序通过调用根据用户数据特征产生的 API 函数就可以实现对嵌入式数据库的实时管理。

2. 实时性

实时性是指嵌入式数据库在完成时间方面具有一定的要求。实时性和嵌入性是分不开的，只有具有嵌入性的数据库才能够在第一时间得到系统的资源，对系统的请求在第一时间做出响应，但这并不代表具有嵌入性的数据库就一定具有实时性。要想嵌入式数据库具有很好的实时性，必须做很多额外的工作。

3. 移动性

随着移动设备的大规模应用，对嵌入式数据库的移动性要求越来越高。具有嵌入性的数据库一定具有比较好的移动性，但是具有比较好的移动性的数据库不一定具有嵌入性。

4. 内核小

嵌入式设备的存储空间有限，所以嵌入式数据库应该具有适当的体积，使其可以嵌入应用程序和处理能力受限的硬件环境。嵌入式数据库可以直接嵌入应用程序进程当中，消除了客户机服务器配置的开销，在运行时需要较少的内存。嵌入式数据库的代码较为精简，其运行速度更快，效果更理想。

5. 灵活性

嵌入式数据库运行于本机上不用启动服务器，其应用场合的硬件和软件平台是千差万别的，所以嵌入式数据库大多具有很强的灵活性，支持并兼容多种开发平台，面向多种开发工具，预留灵活的开发接口。

嵌入式数据库还具有可靠性、可定制性、伸缩性等重要的特征，以保证嵌入式系统的稳定运行。

从某种角度来说，嵌入式场合的数据比传统场合的数据更复杂，除了要支持各种类型的数据，还要支持各种数据结构；除了传统的关系型结构，还要能处理树状结构和网状结构。当然，嵌入式数据库也具备传统数据库所具有的一些特点，例如，一致性是数据库所必须具备的特性，通过事务锁、日志记录及数据同步等多种技术保证数据库中各个表内数据的一致性，也保证数据库和其他同步或镜像数据库内数据的一致性。此外，数据库的安全性也是必不可少的。在保证物理信息安全的同时，也要保证用户私有信息的安全。

6.2.1 嵌入式数据库的分类

嵌入式数据库的分类方法很多，可以按照嵌入对象的不同分为软件嵌入数据库、设备嵌入数据库、内存数据库，也可以按照系统结构分为嵌入数据库、移动数据库、小型的 C/S（Client/Server，客户机/服务器）结构数据库等，还可以按照数据库存储位置的不同分为基于内存方式的数据库、基于文件方式的数据库和基于网络方式的数据库等。

1. 基于内存方式的数据库

基于内存方式的数据库是实时系统和数据库系统的有机结合。实时事务要求系统能较准确地预测事务的运行时间，但对磁盘数据库而言，由于磁盘存取、内存外存的数据传递、缓冲区管理、排队等待及锁的延迟等，事务实际平均执行时间与估算的最坏情况下的执行时间相差很大。如果将整个数据库或其主要的工作部分放入内存，使每个事务在执行过程中没有输入/输出，则为系统较准确地估算和安排事务的运行时间、较好地进行动态预测提供了有力的支持，也为实现事务的定时限制打下了基础。

基于内存方式的数据库是支持实时事务的最佳技术，其本质特征是其“主拷贝”或“工作版本”常驻内存，即活动事务只与实时内存数据库的“内存拷贝”进行信息交换。显然，它要求较大的内存量，但并不是要求任何时刻整个数据库都能存放在内存，即基于内存方式的数据库系统也要处理输入/输出事件。基于内存方式的数据库已脱离传统磁盘数据库的概念，传统磁盘数据库适用的数据结构、事务处理算法与优化、并发控制及恢复等技术对基于内存方式的数据库不一定适用，需要独立设计。

基于内存方式的数据库的设计应该打破传统磁盘数据库的设计观念，考虑内存直接快速存取的特点，以 CPU 和内存空间的高效利用为目标来重新设计、开发各种策略、算法、方法及机制。

目前，基于内存方式的数据库已广泛应用于航空、军事、电信、电力、工业控制等众多领域，而基于内存方式的数据库在这些领域的应用大部分都是分布式的，因此，分布式内存数据库系统成为新的研究热点。

2. 基于文件方式的数据库

基于文件方式的数据库以文件为组织方式，数据按照一定格式储存在磁盘中，使用时由应用程序通过相应的驱动程序直接对数据文件进行读取。这种数据库的访问方式是被动的，只要了解其文件格式，任何程序都可以直接读取，因此它的安全性很低。

虽然基于文件方式的数据库存在诸多弊端，但针对嵌入式系统在空间、时间方面的特殊要求，基于文件方式的数据库还有一定的用武之地。DBF（Dbase/Foxbase/Foxpro）、Access、Paradox 等数据库都是基于文件方式的数据库，嵌入式数据库 Pocket Access 也是基于文件方式的数据库。

3. 基于网络方式的数据库

根据数据库与应用程序是否存放在一起，可以将嵌入式数据库简单地分为嵌入式本地数据库和嵌入式网络数据库。前面介绍的基于内存方式和基于文件方式的数据库属于嵌入式本地数据库，下面介绍嵌入式网络数据库。

嵌入式网络数据库是指将客户端作为嵌入式设备，数据存放在远程服务器上的数据库。客户端通过网络协议，可以使用 SQL（Structured Query Language，结构化查询语言）接口或者其他接口访问远程数据信息。客户端的主要技术在于网络协议的实现；远程服务器除了提供基本的数据服务，关键还需要处理好多用户并发问题，并维护数据的一致性。

嵌入式设备的通信方式有串口通信、红外通信、蓝牙通信、GPRS（General Packet Radio Service，通用无线分组业务）/CDMA（Code Division Multiple Access，码分多址）拨号通信等。前三种通信方式的通信距离都非常短，串口通信受制于串口线，红外通信的通信距离只有数米，蓝牙通信的通信距离理论上仅能达到 30m。GPRS/CDMA 原来只用于手机上的语音通信，最近几年才用于嵌入式设备间及嵌入式设备与远程服务器之间的数据通信，这种通信方式没有距离限制，从而可以真正实现远距离通信，嵌入式设备可以通过 GPRS/CDMA 拨号连入因特网，通过因特网作为中介与其他嵌入式设备、远程服务器通信。

嵌入式网络数据库建立在 GPRS/CDMA 拨号通信的基础之上。在逻辑上可以把嵌入式设备看作远程服务器的一个客户端。实际上，嵌入式网络数据库是把功能强大的远程数据库映射到本地数据库，使嵌入式设备访问远程数据库就像访问本地数据库一样方便。

嵌入式网络数据库主要由三部分组成：客户端、通信协议和远程服务器。客户端主要负责向嵌入式程序提供接口；通信协议负责规范客户端与远程服务器之间的通信；远程服务器除了需要提供客户端所请求的服务，还需要解决多客户端的并发问题。

嵌入式网络数据库的主要功能是使嵌入式设备能够访问远程服务器上的数据。与嵌入式本地数据库相比，嵌入式网络数据库具有下面的特点：

（1）须解析 SQL 语句。嵌入式网络数据库的客户端只需要把 SQL 语句（或者有关数据）略加处理后通过有关协议发给远程服务器，远程服务器收到该 SQL 语句（或者有关数据）后再交给后台的大型数据库系统处理。

（2）支持更多的 SQL 操作。因为嵌入式网络数据库只是负责转发 SQL 语句（或者有关数据），所以理论上远程的后台数据库系统支持的 SQL 语句，嵌入式网络数据库都支持。

（3）客户端小，无须裁剪。嵌入式网络数据库的客户端只需要负责实现协议并通过该协议转发 SQL 语句（或者有关数据），因此客户端非常小，这有利于嵌入式应用。

（4）有利于代码重用，可移植性强。嵌入式设备采用统一的协议，因此，采用嵌入式网络数据库有利于代码重用，可移植性强。

嵌入式网络数据库、嵌入式本地数据库、嵌入式 Web 服务器等构成了各种各样的嵌入式综合信息系统，如手机移动应用、电子地图系统、银行系统、移动警务系统等。在这样的综合信息系统中，嵌入式网络数据库起着至关重要的桥梁作用。

目前，通过 GPRS/CDMA 拨号上网的速度还比较慢，因此，嵌入式网络数据库只能应用于数据流量较小的领域。但是随着 5G（第五代移动通信技术）网络的应用，嵌入式设备上网的速度将越来越快，包括图像、音乐、视频会议等多媒体应用将在嵌入式设备中迅速普及，高速的数据访问将是嵌入式网络数据库领域的发展方向之一。

6.2.2 常用的嵌入式数据库

随着嵌入式数据库的广泛应用，数据库厂商的竞争日益激烈，国内外已有多种嵌入式数据库被成功开发，这些数据库的技术、性能各有千秋。在嵌入式设备开发中应根据实际需要，有针对性地选择具有不同特点的嵌入式数据库。目前，嵌入式数据库主要有 SQLite、Berkeley DB、Empress、eXtremeDB、Firebird 等。另外，像 MySQL 在严格意义上不属于嵌入式数据库，但由于其支持嵌入式应用、成本低、跨平台灵活性好、简便易用，也被很多产品所应用。

下面针对几个常用的嵌入式数据库进行简单介绍。

1. SQLite

SQLite 是一款轻型的数据库，是遵守 ACID 的关系型数据库管理系统，它包含在一个相对小的 C 库中。SQLite 的第一个 Alpha 版本诞生于 2000 年 5 月，是美国加利福尼亚大学的 D.Richard Hipp 用 C 语言编写的专门为嵌入式环境开发的公有领域项目。它是非客户端/服务器模式的事务性 SQL 数据库引擎，可以独立运行，无须任何配置，是免费开源的软件。

轻量级数据库 SQLite 的主要特点：

（1）支持 Windows/Linux/Unix 等主流的操作系统，能够与多种程序语言相结合，如 TCL、C#、PHP、Java 等，还有 ODBC 接口。

（2）支持事件，不需要配置，不需要安装，也不需要管理员。

（3）支持大部分 SQL92 标准，如 select、create、alter、delete 等语句，支持视图、触发器事务，支持嵌套 SQL。

（4）一个完整的数据库以文件的形式保存在一个单一的磁盘文件中，同一个数据库文件可以在不同机器间共享，最大支持数据库大小达 2TB，对字符和 BLOB（二进制大对象）的支持仅限于可用内存。

（5）动态库尺寸小，只占用几百千字节的内存空间，处理速度快，代码简单，稳定性好。

（6）源代码开放，95%的代码有较好的注释，带有简单易用的 API 接口，官方带有 TCL 的编译版本。

2. Berkeley DB

Berkeley DB 是一个开源的文件数据库，介于关系数据库与内存数据库之间，使用方式与内存数据库类似，它提供一系列直接访问数据库的函数，而不是像关系数据库那样需要网络通信、SQL 解析等步骤。Berkeley DB 的第一个版本发行于 1991 年，是由美国 Sleepcat Software 公司发布的，目的在于以新的 HASH 访问算法来代替旧的 hsearch 函数和大量的 dbm 实现，还包含 B+树数据访问算法，使得 Berkeley DB 得到了广泛的应用，成为一款独树一帜的嵌入式数据库。

嵌入式数据库 Berkeley DB 的主要特点：

（1）主要应用在 UNIX/Linux 操作系统上，其设计思想是简单、小巧、可靠、高性能。

（2）是一个高性能的嵌入数据库，支持 C 语言、C++、Java、Perl、Python、PHP、

TCL 等多种编程语言。

（3）可以保存任意类型的键/值对，而且可以为一个键保存多个数据。

（4）支持数千个并发线程同时操作数据库，支持多进程、多事务等。

（5）动态库的尺寸大小不到 1MB，最大支持数据库大小达 256TB。

3．eXtremeDB

eXtremeDB 是一款内存嵌入式实时数据库，以其高性能、低开销、稳定可靠的极速实时数据管理能力在嵌入式数据管理领域及服务器实时数据管理领域独领风骚。eXtremeDB 是美国 McObject 公司的产品。eXtremeDB 系统尤其适合新兴网络和连接设备，支持跨多硬件和软件平台部署，在内存处理架构优化上有无法比拟的优势。

eXtremeDB 的主要特点：

（1）数据以程序可以直接使用的格式保存在内存之中，不仅避免了文件输入/输出的过程，也避免了文件系统数据库所需的缓冲和缓存机制，速度可成百上千倍地提高。

（2）支持建立磁盘/内存混合介质的数据库，兼顾数据管理的实时性与安全性要求，是实时数据管理的进步。

（3）内核以链接库的形式包含在应用程序之中，其大小只有 50～130KB。各个进程都直接访问 eXtremeDB 数据库，避免了进程间通信，从而避免了进程间通信的占用和不确定性。

（4）独特的数据格式方便程序直接使用，避免了数据复制及数据翻译的过程，缩短了应用程序的代码执行路径。

（5）可定制的 API 不仅提升了性能，也减少了通用接口的动态内存分配，从而提高了应用系统的可靠性。同时，定制过程简单方便，由高级语言定制 eXtremeDB 数据库中的表格、字段、数据类型、事件触发、访问方法等应用特征，通过 eXtremeDB 预编译器自动产生访问该数据库的 C/C++ API 接口。

4．Firebird

Firebird 是 Borland 公司在 2000 年发布的开源数据库，是一个完全非商业化的产品，使用 C/C++语言开发。Firebird 是一个跨平台的关系数据库系统，它既能作为多用户环境下的数据库服务器运行，也提供嵌入式数据库的实现。

Firebird 的主要特点：

（1）文件仅受操作系统的限制，且支持将一个数据库分割成不同文件，突破了操作系统最大文件的限制，提高了 I/O 吞吐量。

（2）支持 SQL92 标准，支持大部分 SQL99 标准功能。

（3）支持开发工具，绝大部分基于 Interbase 的组件，均可直接用于 Firebird。

（4）具有图、事务、存储过程、触发器等关系数据库的所有特性。

（5）可编写扩展函数（UDF）。

6.3 SQLite 数据库

6.3.1 SQLite 数据库简介

1. SQLite 数据库的发展

SQLite 数据库是一个进程内的轻型数据库，是为嵌入式目标而设计的、实现了自给自足的、无服务器的零配置事务性 SQL 数据库引擎。SQLite 引擎不是一个独立的进程，可以按应用程序需求进行静态或动态链接，直接访问其存储文件。

自 2001 年 SQLite 数据库的 2.0 预发行版本发布以来，其源代码就公开了。

2004 年，SQLite 数据库发布了 3.0 版本，与原来的 2.8 版本相比做了相应改进，如更新了数据库文件格式、修改了文件的命名和相应的 API 函数等，由之前版本的 15 个 API 函数增加到 88 个 API 函数，改进了并发性能，增加了灵活性。

SQLite 源代码开放并且支持多种开发语言，由于其开放性和对多种语言的兼容性，在 2005 年美国 OSCON（The O'Reilly Open Source Convention）开源软件会议上赢得了最佳开放源代码软件的荣誉。

如今，SQLite 依然在不断地改进和完善当中。读者可以在官方网站上获得源代码和文档，进行数据库的学习和开发。

2. SQLite 数据库的应用场合

SQLite 数据库具有简单、小巧、稳定的特点，其小巧和稳定都归功于它的简单化。SQLite 数据库摒弃了许多数据库的复杂功能，如高并发性、严格的存取控制、丰富的内置功能等。所以，SQLite 数据库具有一定的使用限制，它并不是企业级的数据库引擎。如果所进行的数据处理并不需要上述复杂的功能，就可以选择充分发挥 SQLite 数据库的独特优势，为数据的存储、组织和管理提供支持。

SQLite 数据库非常适用于中小型网站、嵌入式设备。如果一个网站的点击率少于 100000 次/天，SQLite 数据库完全可以正常运行，但 SQLite 数据库其实可以承担更大的负荷。SQLite 数据库几乎无须管理，因此适用于无人看管的嵌入式设备。由于 SQLite 数据库不带有一般数据库的许多复杂功能，所以它并不适用于高并发数据访问、超大容量数据管理及高流量网站等场合。

3. SQLite 数据库的数据类型

SQLite 数据库采用的是弱类型的数据，对每一列的数据类型并不需要进行严格指定，而其他常见的数据库则需要严格指定数据类型。SQLite 数据库的字段是无类型的，当某个值插入数据库时，SQLite 将检查它的类型，如果该类型与关联的列不匹配，则 SQLite 会尝试将该值转换成列类型，如果不能转换，则该值原样存储。

SQLite 数据库具有五种存储类，即 NULL、INTEGER、REAL、TEXT 和 BLOB 数据类型。数据库中的每一列被定义为这五种存储类中的一种。

- NULL：表示值为空。

- INTEGER：表示值被标识为整型，根据大小使用1、2、3、4、6、8个字节来存储。
- REAL：表示值是浮动的数值，被存储为8字节浮动标记序号。
- TEXT：表示值为文本字符串，使用数据库编码存储。
- BLOB：表示值是BLOB数据，如何输入就如何存储，不改变格式。

输入 SQLite 数据库的数据类型由数据本身决定，如带引号的文字被定义为文本字符串；如果没有引号和小数部分，则被定义为整型数据；如果含有小数部分，则被定义为浮点型数据；如果所含值为空，就定义为空值。

为了增加 SQLite 数据库和其他数据库的兼容性，SQLite 数据库具有列的“类型亲和性”。列的“类型亲和性”是指为该列所存储的数据给出建议类型。从理论上来说，任何列都可以存储任何类型的数据，只是针对某些列，如果给出建议类型的话，数据库将按所建议的类型存储。这个被优先使用的数据类型称为“亲和类型”。

6.3.2 SQLite 数据库的使用

SQLite 数据库是一个进程内的库，支持大部分的 SQL 语句，而且能在一个数据库中创建多个表，非常适合用于嵌入式系统中。

1. SQLite 数据库的安装

下载安装 SQLite 数据库的过程比较简单。如果虚拟机有网络连接，执行命令“apt-get install sqlite3”会自动识别合适的数据库版本进行下载安装，如图6-1所示。

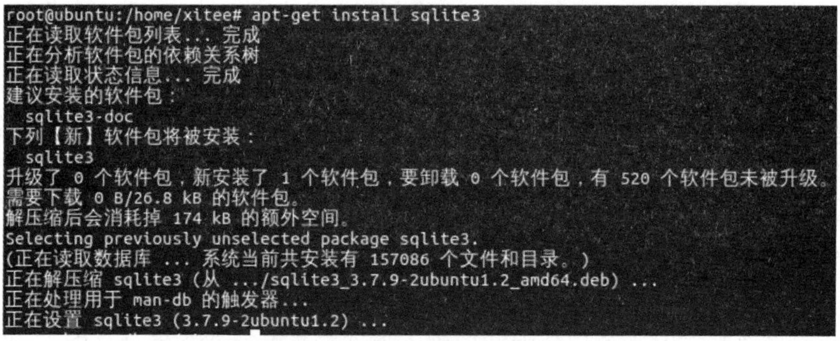

```
root@ubuntu:/home/xitee# apt-get install sqlite3
正在读取软件包列表... 完成
正在分析软件包的依赖关系树
正在读取状态信息... 完成
建议安装的软件包：
  sqlite3-doc
下列【新】软件包将被安装：
  sqlite3
升级了 0 个软件包，新安装了 1 个软件包，要卸载 0 个软件包，有 520 个软件包未被升级。
需要下载 0 B/26.8 kB 的软件包。
解压缩后会消耗掉 174 kB 的额外空间。
Selecting previously unselected package sqlite3.
(正在读取数据库 ... 系统当前共安装有 157086 个文件和目录。)
正在解压缩 sqlite3 (从 .../sqlite3_3.7.9-2ubuntu1.2_amd64.deb) ...
正在处理用于 man-db 的触发器...
正在设置 sqlite3 (3.7.9-2ubuntu1.2) ...
```

图6-1 SQLite 数据库的安装

2. SQLite 数据库的卸载

执行命令“sudo apt-get remove sqlite3”即可实现数据库的卸载，如图6-2所示。

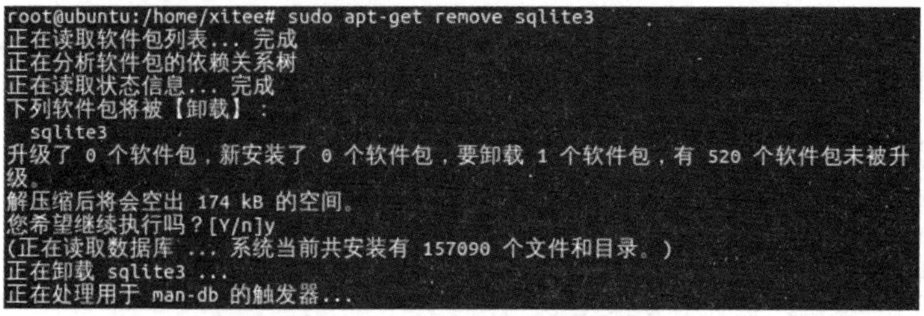

```
root@ubuntu:/home/xitee# sudo apt-get remove sqlite3
正在读取软件包列表... 完成
正在分析软件包的依赖关系树
正在读取状态信息... 完成
下列软件包将被【卸载】：
  sqlite3
升级了 0 个软件包，新安装了 0 个软件包，要卸载 1 个软件包，有 520 个软件包未被升
级。
解压缩后将会空出 174 kB 的空间。
您希望继续执行吗？[Y/n]y
(正在读取数据库 ... 系统当前共安装有 157090 个文件和目录。)
正在卸载 sqlite3 ...
正在处理用于 man-db 的触发器...
```

图6-2 SQLite 数据库的卸载

3．SQLite 数据库的基本操作

SQLite 数据库将每个数据库都保存成一个文件，不支持 create database、alter database、drop database 等数据定义语句。通过执行命令“sqlite3 数据库名.db”创建数据库文件，例如，创建名为“jxgl.db”的数据库文件的过程如图 6-3 所示。

```
root@ubuntu:/home/xitee# sqlite3 jxgl.db
SQLite version 3.7.9 2011-11-01 00:52:41
Enter ".help" for instructions
Enter SQL statements terminated with a ";"
```

图 6-3　创建名为“jxgl.db”的数据库文件

数据库创建后会出现 SQLite 数据库的版本信息，提示用户输入的 SQL 语句以“;”结束，同时命令行提示可以通过输入“.help”获取点命令清单，如图 6-4 所示，这些内置的点命令可以用于显示数据库信息、导入导出数据、设置输出格式等功能。

```
sqlite> .help
.backup ?DB? FILE      Backup DB (default "main") to FILE
.bail ON|OFF           Stop after hitting an error.  Default OFF
.databases             List names and files of attached databases
.dump ?TABLE? ...      Dump the database in an SQL text format
                         If TABLE specified, only dump tables matching
                         LIKE pattern TABLE.
.echo ON|OFF           Turn command echo on or off
.exit                  Exit this program
.explain ?ON|OFF?      Turn output mode suitable for EXPLAIN on or off.
                         With no args, it turns EXPLAIN on.
.header(s) ON|OFF      Turn display of headers on or off
.help                  Show this message
.import FILE TABLE     Import data from FILE into TABLE
.indices ?TABLE?       Show names of all indices
                         If TABLE specified, only show indices for tables
                         matching LIKE pattern TABLE.
.load FILE ?ENTRY?     Load an extension library
.log FILE|off          Turn logging on or off.  FILE can be stderr/stdout
.mode MODE ?TABLE?     Set output mode where MODE is one of:
                         csv      Comma-separated values
                         column   Left-aligned columns.  (See .width)
                         html     HTML <table> code
                         insert   SQL insert statements for TABLE
                         line     One value per line
                         list     Values delimited by .separator string
                         tabs     Tab-separated values
                         tcl      TCL list elements
.nullvalue STRING      Print STRING in place of NULL values
.output FILENAME       Send output to FILENAME
.output stdout         Send output to the screen
.prompt MAIN CONTINUE  Replace the standard prompts
.quit                  Exit this program
.read FILENAME         Execute SQL in FILENAME
.restore ?DB? FILE     Restore content of DB (default "main") from FILE
.schema ?TABLE?        Show the CREATE statements
                         If TABLE specified, only show tables matching
                         LIKE pattern TABLE.
.separator STRING      Change separator used by output mode and .import
.show                  Show the current values for various settings
.stats ON|OFF          Turn stats on or off
.tables ?TABLE?        List names of tables
                         If TABLE specified, only list tables matching
                         LIKE pattern TABLE.
.timeout MS            Try opening locked tables for MS milliseconds
.width NUM1 NUM2 ...   Set column widths for "column" mode
.timer ON|OFF          Turn the CPU timer measurement on or off
```

图 6-4　点命令清单

对以上点命令的解释如表 6-1 所示。

表 6-1　点命令的解释

命　令	描　述
.backup ?DB? FILE	备份 DB 数据库（默认是“main”）到 FILE 文件
.bail ON|OFF	发生错误后停止。默认为 OFF
.databases	列出数据库的名称及其所依附的文件
.dump ?TABLE?...	以 SQL 文本格式转储数据库。如果指定了 TABLE 表，则只转储匹配 LIKE 模式的 TABLE 表

续表

命　　令	描　　述
.echo ON|OFF	开启或关闭 echo 命令
.exit	退出 SQLite 提示符
.explain ?ON|OFF?	开启或关闭适合于 EXPLAIN 的输出模式。如果没有带参数，则为 EXPLAIN on，即开启 EXPLAIN
.header(s) ON|OFF	开启或关闭头部显示
.help	显示消息
.import FILE TABLE	将来自 FILE 文件的数据导入 TABLE 表中
.indices ?TABLE?	显示所有索引的名称。如果指定了 TABLE 表，则只显示匹配 LIKE 模式的 TABLE 表的索引
.load FILE ?ENTRY?	加载一个扩展库
.log FILE|off	开启或关闭日志。FILE 文件可以是 stderr（标准错误）/stdout（标准输出）
.mode MODE ?TABLE?	设置输出模式，可以是下列之一。 csv：逗号分隔的值。 column：左对齐的列。 html：HTML 的<table>代码。 insert：TABLE 表的 SQL 插入 insert 语句。 line：每行一个值。 list：由.separator 字符串分隔的值。 tabs：由 Tab 分隔的值。 tcl：TCL 列表元素
.nullvalue STRING	在 NULL 值的地方输出 STRING 字符串
.output FILENAME	发送输出到 FILENAME 文件
.output stdout	发送输出到屏幕
.prompt MAIN CONTINUE	替换标准提示符
.quit	退出 SQLite 提示符
.read FILENAME	执行 FILENAME 文件中的 SQL
.restore ?DB? FILE	从 FILE 文件恢复 DB 数据库（默认是“main”）
.schema ?TABLE?	显示 CREATE 语句。如果指定了 TABLE 表，则只显示匹配 LIKE 模式的 TABLE 表
.separator STRING	改变输出模式和.import 所使用的分隔符
.show	显示各种设置的当前值
.stats ON|OFF	开启或关闭统计
.tables ?TABLE?	列出匹配 LIKE 模式的表的名称
.timeout MS	尝试打开锁定的表 MS 毫秒
.width NUM1 NUM2 …	为“column”模式设置列宽度
.timer ON|OFF	开启或关闭 CPU 定时器

完成对数据库的操作后，可以通过“.exit”“.quit”命令来退出 SQLite 数据库命令行操作。

```
sqlite> .exit
sqlite> .quit
```

4．数据表的基本操作

一个 SQLite 数据库可以包含多个数据表，用于保存用户数据，可支持 create table、alter table、drop table 等数据定义语句，以及 insert、update、delete、select 等数据操作语句，但不支持 rename table 语句。

创建一个数据表 student，表格包含 3 个字段，分别为序号、姓名和性别，可通过执行 create table 语句实现定义数据表名、字段及字段类型等。

```
sqlite> create table student (num integer prinary key,nane text,sex text);
```

修改数据表的字段，可通过执行 alter table 语句实现，该语句只能增加字段，不能删除字段。

```
sqlite> alter table student add address;
sqlite> alter table student drop column address;
Error: near "drop" : syntax error
```

删除数据表，可通过执行 drop table 语句实现，删除数据表会将数据表中的数据也一并删除。

```
sqlite> drop table student;
```

在数据表中插入 2 条数据，可通过执行 insert into 语句实现：

```
sqlite> insert into student values(1,'zhangsan','male');
sqlite> insert into student values(2,'lisi','famale');
```

插入数据需要根据数据表定义的字段进行，如果有未定义的字段，插入数据会提示错误。

```
sqlite> insert into student values(2,'lisi','fenale','xiamen');
Error: table student has 3 columns but 4 values were supplied
```

数据表的数据进行更新，可通过执行 update 语句实现：

```
sqlite> update student set sex='male' where name='lisi';
```

删除表格中的数据，可通过执行 delete 语句实现。其中删除符合条件的某些数据，需要用 where 语句进行限制。删除全部数据后，数据表结构还存在。

```
sqlite> delete from student where num=4;
sqlite> delete fron student;
```

根据图 6-5 所示的学生选课 E-R 图可设计出三个数据表，即 student 表、course 表和 grade 表，表结构和表数据如表 6-2～表 6-7 所示。通过以上命令可完成数据表的创建和数据添加，具体操作由学生自行实验，注意对于数据为空的字段可采用 null 进行表示。

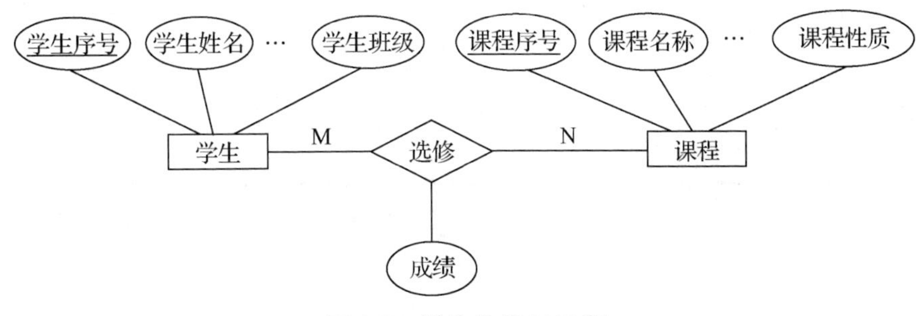

图 6-5　学生选课 E-R 图

表 6-2　student 表结构

字　段　名	类　　型	说　　明
num	integer	学生序号，为主键
name	text	学生姓名
sex	text	学生性别
address	text	学生住址
telephone	text	学生联系电话
class	text	学生班级

表 6-3　student 表数据

num	name	sex	address	telephone	class
1	zhangsan	male	xiamen	13012341234	class1
2	lisi	female		13012341236	class1
3	wangwu	female	shanghai	13012341258	class 2
4	chenqi	male	fuzhou		class 3

表 6-4　course 表结构

字　段　名	类　　型	说　　明
num	integer	课程序号，为主键
name	text	课程名称
nature	text	课程性质

表 6-5 course 表数据

num	name	nature
1	Chinese	Required
2	Math	Required
3	English	Elective

表 6-6　grade 表结构

字　段　名	类　　型	说　　明
Snum	integer	学生序号
Cnum	integer	课程序号
grade	integer	课程成绩

表 6-7　grade 表数据

Snum	Cnum	grade
1	1	67
2	3	73
3	2	80
3	1	76

创建数据表后，可通过执行“.tables”命令查询数据库已经拥有的数据表，如图 6-6 所示。

```
sqlite> .tables
course    grade    student
```

图 6-6 “.tables”命令执行后显示已有的数据表

按照不同的需求可以查询表格中不同的数据内容，查询数据是通过 select 语句来实现的。

select 语句是从数据库中获取信息的一个基本语句，该语句可以实现从一个或多个数据库的一个或多个表中查询信息，并将结果显示为另外一个表的形式，称为结果表。

select 语句的功能非常强大，其选项也非常丰富，同时 select 语句的完整句法也非常复杂。select 查询的基本语句包含要返回的列、要选择的行、放置行的顺序和如何将信息分组的规范，其语句格式如下：

select [all | distinct] [top n [percent]] <目标列表达式> [, … n]
[into <新表名>]
from <表名> | <视图名> [, … n]
[where <条件表达式>]
[group by <列名 1> [having <条件表达式>]]
[order by <列名 2> [asc | desc]] ;

基本语句 select…from…where 的含义是：根据 where 子句的条件表达式，从 from 子句指定的基本表或视图中找出满足条件的元组，再按 select 子句中的目标列表达式选出元组中的属性值形成结果表。

查询 student 表中所有的数据内容，可用语句“select * from student;”，查询结果如图 6-7 所示。

```
sqlite> select * from student;
1|zhangsan|male|xiamen|13012341234
2|lisi|female||13012341236
3|wangwu|female|shanghai|13012341258
4|chenqi|male|fuzhou|
```

图 6-7 查询 student 表中所有的数据内容

查询性别为男的学生信息，可用语句“select * from student where sex='male';”，查询结果如图 6-8 所示。

```
sqlite> select * from student where sex='male';
1|zhangsan|male|xiamen|13012341234
4|chenqi|male|fuzhou|
```

图 6-8 查询性别为男的学生信息

查询学生序号大于 2 的学生信息，可用语句“select * from student where num>2;”，查询结果如图 6-9 所示。

```
sqlite> select * from student where num>2;
3|wangwu|female|shanghai|13012341258
4|chenqi|male|fuzhou|
```

图 6-9 查询学生序号大于 2 的学生信息

查询电话号码为空的学生信息，可用语句“select * from student where telephone is null;”，查询结果如图 6-10 所示。

```
sqlite> select * from student where telephone is null;
4|chenqi|male|fuzhou|
```

图 6-10　查询电话号码为空的学生信息

查询学生姓名和学生住址两列的信息，可用语句“select name,address from student;”，查询结果如图 6-11 所示。

```
sqlite> select name,address from student;
zhangsan|xiamen
lisi|
wangwu|shanghai
chenqi|fuzhou
```

图 6-11　查询学生姓名和学生住址两列的信息

查询每个学生的姓名、对应的课程名称及成绩信息，可用语句“select student.name , course.name ,grade.grade fron grade join student on grade.snum=student.num join course on grade.cnum=course.num;”，查询结果如图 6-12 所示。

```
sqlite> select student.name,course.name,grade.grade from grade join student on gra
de.snum=student.num join course on grade.cnum=course.num;
name        name        grade
----------  ----------  ----------
zhangsan    Chinese     67
lisi        Englinsh    73
wangwu      Math        80
wangwu      Chinese     76
```

图 6-12　查询每个学生的姓名、对应的课程名称及成绩信息

5. 表格输出显示的设置

（1）SQLite 数据库设置显示。

“.show”命令用于显示当前 SQLite 数据库的设置，执行结果如图 6-13 所示。

```
sqlite> .show
     echo: off
  explain: off
  headers: on
     mode: column
nullvalue: ""
   output: stdout
separator: "|"
    stats: off
    width:
```

图 6-13　显示当前 SQLite 数据库的设置

（2）命令显示。

“.echo”命令用于设置输出结果时显示或隐藏输入的命令，显示输入的命令如图 6-14 所示。

```
sqlite> .echo on
sqlite> select * from student;
select * from student;
1          zhangsan    male        xiamen      13012341234  class1
2          lisi        female                  13012341236  class1
3          wangwu      female      shanghai    13012341258  class2
4          chenqi      male        fuzhou                   class3
```

图 6-14　显示输入的命令

（3）表头显示。

“.header”命令用于设置是否显示表头字段名，系统会根据最后一次的设置进行显

示，显示表头字段名如图 6-15 所示。

```
sqlite> .header on
sqlite> select * from student;
num|name|sex|address|telephone|class
1|zhangsan|male|xiamen|13012341234|class1
2|lisi|female||13012341236|class1
3|wangwu|female|shanghai|13012341258|class2
4|chenqi|male|fuzhou||class3
```

图 6-15　显示表头字段名

（4）设置表格的输出模式。

表格有以下几种输出模式：column、csv、html、insert、line、list、tabs、tcl，通过“.mode”命令设置表格的输出模式，使用 select 语句查询时，可使表格中的数据以不同的格式显示。例如 column、html、line 输出形式显示如图 6-16、图 6-17、图 6-18 所示。

```
sqlite> .mode column
sqlite> select * from student;
num         name        sex         address     telephone    class
----------  ----------  ----------  ----------  -----------  ----------
1           zhangsan    male        xiamen      13012341234  class1
2           lisi        female                  13012341236  class1
3           wangwu      female      shanghai    13012341258  class2
4           chenqi      male        fuzhou                   class3
```

图 6-16　column 输出形式显示

```
sqlite> .mode html
sqlite> select * from student;
<TR><TH>num</TH>
<TH>name</TH>
<TH>sex</TH>
<TH>address</TH>
<TH>telephone</TH>
<TH>class</TH>
</TR>
<TR><TD>1</TD>
<TD>zhangsan</TD>
<TD>male</TD>
<TD>xiamen</TD>
<TD>13012341234</TD>
<TD>class1</TD>
</TR>
<TR><TD>2</TD>
<TD>lisi</TD>
<TD>female</TD>
<TD></TD>
<TD>13012341236</TD>
<TD>class1</TD>
</TR>
<TR><TD>3</TD>
<TD>wangwu</TD>
<TD>female</TD>
<TD>shanghai</TD>
<TD>13012341258</TD>
<TD>class2</TD>
</TR>
<TR><TD>4</TD>
<TD>chenqi</TD>
<TD>male</TD>
<TD>fuzhou</TD>
<TD></TD>
<TD>class3</TD>
</TR>
```

图 6-17　html 输出形式显示

```
sqlite> .mode line
sqlite> select * from student;
      num = 1
     name = zhangsan
      sex = male
  address = xiamen
telephone = 13012341234
    class = class1

      num = 2
     name = lisi
      sex = female
  address =
telephone = 13012341236
    class = class1

      num = 3
     name = wangwu
      sex = female
  address = shanghai
telephone = 13012341258
    class = class2

      num = 4
     name = chenqi
      sex = male
  address = fuzhou
telephone =
    class = class3
```

图 6-18　line 输出形式显示

（5）空值显示。

“.nullvalue”命令用于设置表格内容为空值时显示的字符内容，可设置空值时显示的内容为“none”或空白，显示内容为“none”时的显示结果如图 6-19 所示。

```
sqlite> .nullvalue "none"
sqlite> select * from student;
num         name        sex         address     telephone    class
----------  ----------  ----------  ----------  -----------  ----------
1           zhangsan    male        xiamen      13012341234  class1
2           lisi        female      none        13012341236  class1
3           wangwu      female      shanghai    13012341258  class2
4           chenqi      male        fuzhou      none         class3
sqlite> .nullvalue ""
sqlite> select * from student;
num         name        sex         address     telephone    class
----------  ----------  ----------  ----------  -----------  ----------
1           zhangsan    male        xiamen      13012341234  class1
2           lisi        female                  13012341236  class1
3           wangwu      female      shanghai    13012341258  class2
4           chenqi      male        fuzhou                   class3
```

图 6-19　空值显示形式

6．系统时间的显示

可以用在“select”后面添加指定函数的形式显示系统的日期、时间，如图 6-20 所示。

```
sqlite> select datetime("now");
datetime("now")
-------------------
2021-04-16 06:41:37
sqlite> select date("now");
date("now")
-----------
2021-04-16
sqlite> select time("now");
time("now")
-----------
06:41:59
```

图 6-20　系统时间的显示

7．数据的导入、导出及备份

（1）数据的导入。

保存于文件中的数据可以直接添加到数据库。例如，数据库文件 jxgl.db 与文本文件

text1.txt 保存于同一目录下，文件文本 text1.txt 里面保存着需要向数据库 jxgl.db 中添加的内容“5 zhaojiu male Fuzhou 13012354326 class2”，字段中间可采用 Tab 键隔开，通过命令将数据进行导入，导入后的查询结果如图 6-21 所示。

```
sqlite> .import 'text1.txt' student
sqlite> select * from student;
num         name        sex         address     telephone    class
----------  ----------  ----------  ----------  -----------  ----------
1           zhangsan    male        xiamen      13012341234  class1
2           lisi        female                  13012341236  class1
3           wangwu      female      shanghai    13012341258  class2
4           chenqi      male        fuzhou                   class3
5           zhaojiu     male        Fuzhou      13012354326  class2
```

图 6-21　导入后的查询结果

（2）数据的导出。

有时希望不仅在终端上显示数据，还能够将数据保存于指定的文件当中，以备查看和保存。例如，将 student 表中的所有数据导出到 text2.txt 文件中。

首先，指定导出文件，若文件不存在则新建文件。

其次，将查询内容导出到文件。

可以通过“.read”命令查看文件内容，根据最后一次设置，显示内容如图 6-22 所示。

```
sqlite> .output 'text2.txt'
sqlite> select * from student;
sqlite> .read 'text2.txt'
Error: incomplete SQL: num         name        sex         address     telephone    class
----------  ----------  ----------  ----------  -----------  ----------
1           zhangsan    male        xiamen      13012341234  class1
2           lisi        female                  13012341236  class1
3           wangwu      female      shanghai    13012341258  class2
4           chenqi      male        fuzhou                   class3
5           zhaojiu     male        Fuzhou      13012354326  class2
```

图 6-22　显示内容

查看文件内容如图 6-23 所示。

```
text2.txt
num         name        sex         address     telephone    class
----------  ----------  ----------  ----------  -----------  ----------
1           zhangsan    male        xiamen      13012341234  class1
2           lisi        female                  13012341236  class1
3           wangwu      female      shanghai    13012341258  class2
4           chenqi      male        fuzhou                   class3
5           zhaojiu     male        Fuzhou      13012354326  class2
```

图 6-23　查看文件内容

如果不需要输出到文件，重新让数据在终端上显示，则设置数据模式为 stdout。注意，如果要再次导出，需要新建文件，否则导出内容会覆盖原来文件的内容。

```
sqlite> .output stdout
```

（3）数据的备份和还原。

执行“.backup”命令将数据库的内容备份为文件 jxglbak.bak。

```
sqlite> .backup jxglbak.bak
```

退出 jxgl.db 数据库的编辑，新建 jxglnew.db 数据库，将备份文件 jxglbak.bak 的内容还原到 jxglnew.db 数据库中，查询数据库的内容，执行结果如图 6-24 所示。

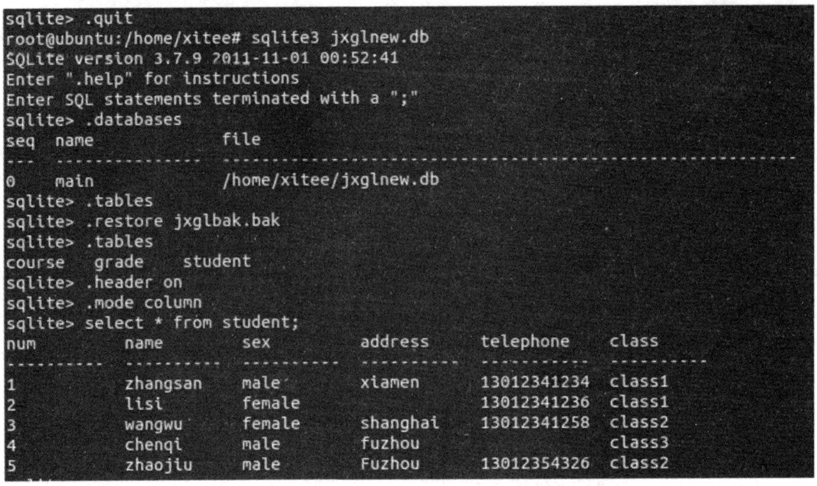

```
sqlite> .quit
root@ubuntu:/home/xitee# sqlite3 jxglnew.db
SQLite version 3.7.9 2011-11-01 00:52:41
Enter ".help" for instructions
Enter SQL statements terminated with a ";"
sqlite> .databases
seq  name             file
---  ---------------  ----------------------------------------------------------
0    main             /home/xitee/jxglnew.db
sqlite> .tables
sqlite> .restore jxglbak.bak
sqlite> .tables
course   grade    student
sqlite> .header on
sqlite> .mode column
sqlite> select * from student;
num         name        sex         address     telephone    class
----------  ----------  ----------  ----------  -----------  ----------
1           zhangsan    male        xiamen      13012341234  class1
2           lisi        female                  13012341236  class1
3           wangwu      female      shanghai    13012341258  class2
4           chenqi      male        fuzhou                   class3
5           zhaojiu     male        Fuzhou      13012354326  class2
```

图 6-24　执行结果

由以上执行结果发现，新建数据库文件后，查询数据表是空的。执行还原命令“.restore”后，可查询到新的数据库文件也有 3 个数据表，且表结构、表数据均与备份的数据库文件一致。在实际应用中，为区分备份的数据库文件，备份文件一般会采用“数据库名+日期”的方式命名。

6.3.3　SQLite 数据库的移植

嵌入式系统软件是在宿主机上完成开发的，在产品发布后才下载到目标上，因此，各种嵌入式系统软件都需要进行本地安装和交叉编译。

SQLite 数据库提供了多种语言（C/C++、Java、PHP、Perl、Python 等）的 API 接口函数，可以将一些标准的 SQL 语句传递给这些接口函数，利用接口函数就可以在应用程序中直接对 SQLite 数据库进行操作，从而摆脱了命令行的访问方式，使得 SQLite 数据库的可操作性和代码融合性更强。

本节主要讲解采用 C 语言程序时，SQLite 数据库的编译移植过程。

为支持系统开发，需要安装 SQLite3 的 lib 库。安装方式可采用离线安装，也可采用直接在线安装。如果虚拟机有网络连接，执行命令“apt-get install libsqlite3-dev”会自动识别合适的 lib 库版本进行下载安装，执行结果如图 6-25 所示。

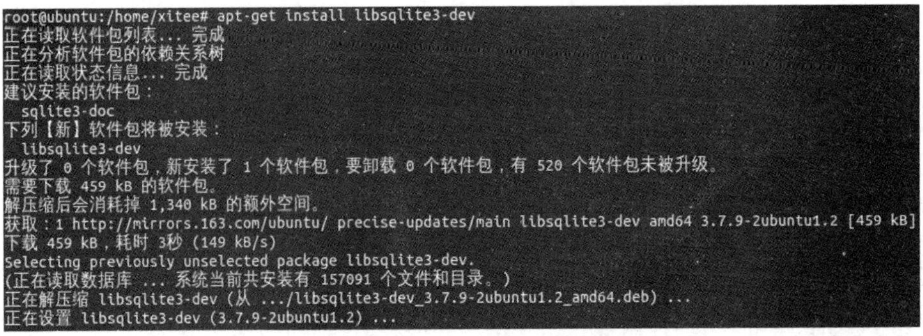

```
root@ubuntu:/home/xitee# apt-get install libsqlite3-dev
正在读取软件包列表... 完成
正在分析软件包的依赖关系树
正在读取状态信息... 完成
建议安装的软件包：
  sqlite3-doc
下列【新】软件包将被安装：
  libsqlite3-dev
升级了 0 个软件包，新安装了 1 个软件包，要卸载 0 个软件包，有 520 个软件包未被升级。
需要下载 459 kB 的软件包。
解压缩后会消耗掉 1,340 kB 的额外空间。
获取：1 http://mirrors.163.com/ubuntu/ precise-updates/main libsqlite3-dev amd64 3.7.9-2ubuntu1.2 [459 kB]
下载 459 kB，耗时 3秒 (149 kB/s)
Selecting previously unselected package libsqlite3-dev.
(正在读取数据库 ... 系统当前共安装有 157091 个文件和目录。)
正在解压缩 libsqlite3-dev (从 .../libsqlite3-dev_3.7.9-2ubuntu1.2_amd64.deb) ...
正在设置 libsqlite3-dev (3.7.9-2ubuntu1.2) ...
```

图 6-25　lib 库下载安装过程

SQLite3 提供了大量的 API 接口函数，下面主要介绍几个常用的函数。

1. 打开数据库函数

函数原型如下：

```
int sqlite3_open
( const char *filename,          /*指数据库的名称*/
sqlite3 **ppDb );                /*指输出参数，SQLite 数据库句柄*/
```

该函数用于打开或创建一个 SQLite3 数据库文件的连接，返回一个用于其他 SQLite 程序的数据库连接对象。

如果文件名 filename 参数是 NULL 或 “:memory:”，那么 sqlite3_open( )函数将会在 RAM 中创建一个内存数据库，这只会在 session 的有效时间内持续。

如果文件名 filename 参数不是 NULL，那么 sqlite3_open( )函数将使用这个参数值尝试打开数据库文件。如果该名称的文件不存在，sqlite3_open( )函数将创建一个新的命名为该名称的数据库文件并打开。

下面的 C 代码段保存为“main.c”文件，代码段显示了如何连接到一个现有的数据库。如果数据库文件不存在，那么将新建数据库文件，最后返回一个数据库对象。

```
/* main.c*/
#include <stdio.h>
#include <stdlib.h>
#include <sqlite3.h>
int main(int argc, char* argv[])
{
   sqlite3 *db;
   char *zErrMsg = 0;
   int jxgl;
   jxgl = sqlite3_open("jxglc++.db", &db);
   if ( jxgl )
   {
      fprintf(stderr, "Can't open database: %s\n", sqlite3_errmsg(db));
      exit(0);
   }
   else
   {
      fprintf(stderr, "Opened database successfully\n");
   }
   sqlite3_close(db);
}
```

编译和运行上面的程序，在当前目录中创建数据库 jxglc++.db，也可以根据需要改变路径，操作过程如图 6-26 所示。

```
root@ubuntu:/home/xitee# gcc -o jxgl main.c -l sqlite3
root@ubuntu:/home/xitee# ./jxgl
Opened database successfully
```

图 6-26　改变路径操作过程

数据库相关文件的读写权限如图 6-27 所示。

```
-rwxr-xr-x 1 root  root  8663  4月 21 00:16 jxgl
-rw-r--r-- 1 root  root     0  4月 21 00:16 jxglc++.db
-rw-rw-r-- 1 xitee xitee  400  4月 21 00:15 main.c
```

图 6-27　数据库相关文件的读写权限

2. 关闭数据库函数

函数原型如下：

```
int sqlite3_close ( sqlite3 *db );
```

该函数用于关闭之前调用 sqlite3_open( )函数打开的数据库连接。所有与连接相关的语句都应在连接关闭之前完成。如果还有查询没有完成，sqlite3_close( )函数将返回 SQLITE_BUSY 禁止关闭的错误消息。

3. 执行函数

函数原型如下：

```
int sqlite3_exec(
    sqlite3 * ,                          /*打开的数据库句柄*/
    const char * sql,                    /*要执行的 SQL 语句*/
    sqlite_callback,                     /*回调函数*/
    void *data ,                         /*回调函数的参数*/
    char ** errmsg                       /*错误信息*/
);
```

该函数实现对数据库的操作，提供了一个执行 SQL 命令的快捷方式，SQL 语句由 sql 参数提供，可以由一个或多个 SQL 命令组成。第一个参数 sqlite3 是打开的数据库对象，sqlite_callback 是一个回调函数，data 作为其第一个参数，将返回 errmsg，用来获取程序生成的任何错误。

sqlite3_exec( )程序解析并执行由 sql 参数所给的每个命令，直到字符串结束或者遇到错误为止。

4. 回调函数

函数原型如下：

```
int sqlite3_callback(
    void * para,
    int n_column,
    char * * column_value,
    char * * column_name
);
```

该函数为用户自定义的回调函数，用 sqlite3_exec( )函数查询到一条记录后，执行此回调函数。

5. 显示错误信息函数

函数原型如下：

```
const char * sqlite3_errmsg ( sqlite3 * );
```

API 函数在对数据库进行操作的过程中，调用该函数给出的错误信息。

6. 释放内存函数

函数原型如下：

```
void sqlite3_free(char * z);
```

在对数据库进行操作时，如果需要释放保存在内存中的数据，清除内存空间，可以使用该函数。

7. 获取结果集函数

函数原型如下：

```
int sqlite3_get_table(
    sqlite3 * ,                              /*打开的数据库句柄*/
    const char * sql ,                       /*要执行的 SQL 语句*/
    char *** resultp ,                       /*结果集*/
    int * nrow ,                             /*结果集的行数*/
    int * ncolumn ,                          /*结果集的列数*/
    char ** errmsg                           /*错误信息*/
);
```

8.释放结果集函数

函数原型如下：

```
void sqlite3_free_table ( char ** result );
```

该函数可以释放 sqlite3_get_table ( )函数所分配的空间。

6.4 教学管理系统实例

扩展阅读请扫二维码

利用 C 语言 API 接口函数实现数据库操作实例 jxgl_sqlite.c，数据库相关信息如表 6-1～表 6-6 所示，以此熟悉上述 API 接口函数的使用方法，并用 SQL 语句查询验证数据的正确性和一致性。

程序先调用 sqlite3_open( )函数创建数据库 jxgl_sqlite.db，如果不能打开该数据库，则打印相应的错误信息。之后调用 sqlite3_exec( )函数在打开的数据库中创建数据表 student、course、grade，SQL 语句可以单独定义，每个语句都应采用双引号定义，最后一个语句用“;”隔开。被关键字 PRIMARY KEY 标志的主键列内容不能重复。若表格无法创建或已经存在，则打印相应的错误提示。然后向 3 个表格中添加表数据，数据添加后利用 sqlite3_get_table( )函数查询表格内容，获得存在表格内容的一维数组和表格的行数、列数，并在终端中按行列形式打印表格的内容。最后关闭数据库。

以下为创建数据库、创建数据表及添加表数据的代码。

```
/* jxgl_sqlite-main.c*/
```

```
#include <stdio.h>
#include <stdlib.h>
#include <sqlite3.h>
    static int callback(void *NotUsed, int argc, char **argv,
                        char **azColName)
{
    int i;
    for(i=0; i<argc; i++)
    {
        printf("%s = %s\n", azColName[i], argv[i] ? argv[i] : "NULL");
    }
    printf("\n");
    return 0;
}

int main(int argc, char* argv[])
{
    sqlite3 *db;
    char *zErrMsg = 0;
    int  jxgl;
    char *sql;

    /* 打开数据库*/
    jxgl = sqlite3_open("jxgl_sqlite.db", &db);
    if( jxgl )
    {
        fprintf(stderr, "Can't open database: %s\n",sqlite3_errmsg(db));
        exit(0);
    }
    else
    {
        fprintf(stdout, "Opened database successfully\n");
    }
    /* Create SQL statement */
    sql = "CREATE TABLE student ( num INT PRIMARY KEY, name TEXT, sex text,
address text, telephone text, class text);"
        "CREATE TABLE course ( num INT PRIMARY KEY, name TEXT, nature
text);"
        "CREATE TABLE grade ( Snum INT , Cnum int, grade int);";
    /* Execute SQL statement */
    jxgl = sqlite3_exec(db, sql, callback, 0, &zErrMsg);
    if( jxgl != SQLITE_OK )
    {
        fprintf(stderr, "SQL error: %s\n", zErrMsg);
        sqlite3_free(zErrMsg);
    }
    else
    {
        fprintf(stdout, "Table created successfully\n");
    }
```

```
    /* Create SQL statement */
    sql = "INSERT INTO student VALUES (1, 'zhangsan', 'male', 'xiamen', 
'13012341234', 'class1' );"
           "INSERT INTO student VALUES (2, 'lisi', 'female', null, 
'13012341236', 'class1' );"
           "INSERT INTO student VALUES (3, 'wangwu', 'female', 'shanghai', 
'13012341258', 'class2' );"
           "INSERT INTO student VALUES (4, 'chenqi', 'male', 'fuzhou', null, 
'class3' );"
           "INSERT INTO course VALUES (1, 'Chinese', 'Required' );"
           "INSERT INTO course VALUES (2, 'Math', 'Required' );"
           "INSERT INTO course VALUES (3, 'Englinsh', 'Elective' );"
           "INSERT INTO grade VALUES (1, 1, 67 );"
           "INSERT INTO grade VALUES (2, 3, 73 );"
           "INSERT INTO grade VALUES (3, 2, 80 );"
           "INSERT INTO grade VALUES (3, 1, 76 );";

    /* Execute SQL statement */
    jxgl = sqlite3_exec(db, sql, callback, 0, &zErrMsg);
    if( jxgl != SQLITE_OK )
    {
        fprintf(stderr, "SQL error: %s\n", zErrMsg);
        sqlite3_free(zErrMsg);
    }
    else
    {
        fprintf(stdout, "Records created successfully\n");
    }
    sqlite3_close(db);
    return 0;
}
```

数据添加过程中出现错误，需要进行修改，可使用以下代码段。

```
/* Create SQL statement */
sql = "update student set sex='female' where name='lisi';"

/* Execute SQL statement */
jxgl = sqlite3_exec(db, sql, callback, 0, &zErrMsg);
if( jxgl != SQLITE_OK )
{
    fprintf(stderr, "SQL error: %s\n", zErrMsg);
    sqlite3_free(zErrMsg);
}
else
{
      fprintf(stdout, "Records updated successfully\n");
}
```

对数据表的查询方式有两种，分别为执行 sqlite3_exec( )函数，用回调函数显示查询结果；或者执行 sqlite3_get_table( )函数，以数组的形式存放数据并显示结果。以下代码分别是两种查询方式的实现，数据结果显示如图 6-28 和图 6-29 所示。

```
/* jxgl_sqlite2.c*/
#include <stdio.h>
#include <stdlib.h>
#include <sqlite3.h>

static int callback(void *NotUsed, int argc, char **argv,
                    char **azColName)
{
    int i;
    for(i=0; i<argc; i++)
    {
        printf("%s = %s\n", azColName[i], argv[i] ? argv[i] : "NULL");
    }
    printf("\n");
    return 0;
}

int main(int argc, char* argv[])
{
    sqlite3 *db;
    char *zErrMsg = 0;
    int jxgl;
    char *sql;
    const char* data = "Callback function called";

    /* Open database */
    jxgl = sqlite3_open("jxgl_sqlite.db", &db);
    if ( jxgl )
    {
        fprintf(stderr,"Can't open database:%s\n",sqlite3_errmsg(db));
    }
    else
    {
        fprintf(stderr, "Opened database successfully\n");
    }

    /* Create SQL statement */
    sql = "SELECT * from COMPANY";

    /* Execute SQL statement */
    jxgl = sqlite3_exec(db, sql, callback, (void*)data, &zErrMsg);
    if( jxgl != SQLITE_OK )
    {
        fprintf(stderr, "SQL error: %s\n", zErrMsg);
        sqlite3_free(zErrMsg);
    }
    else
    {
        fprintf(stdout, "Operation done successfully\n");
```

```
    }
    sqlite3_close(db);
    return 0;
}
```

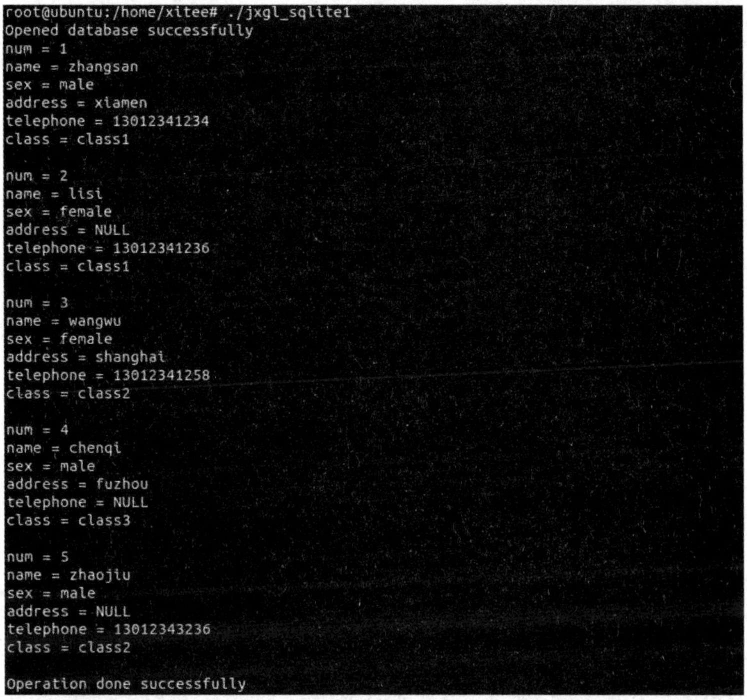

```
root@ubuntu:/home/xitee# ./jxgl_sqlite1
Opened database successfully
num = 1
name = zhangsan
sex = male
address = xiamen
telephone = 13012341234
class = class1

num = 2
name = lisi
sex = female
address = NULL
telephone = 13012341236
class = class1

num = 3
name = wangwu
sex = female
address = shanghai
telephone = 13012341258
class = class2

num = 4
name = chenqi
sex = male
address = fuzhou
telephone = NULL
class = class3

num = 5
name = zhaojiu
sex = male
address = NULL
telephone = 13012343236
class = class2

Operation done successfully
```

图 6-28　数据结果显示（用回调函数显示查询结果）

```
/* jxgl_sqlite.c*/
#include <stdio.h>
#include <stdlib.h>
#include <sqlite3.h>
int main(int argc, char* argv[])
{
    sqlite3 *db;
    char * * resultp;
    int nrow ,ncolumn,i,j ;
    char *zErrMsg = 0;
    int  jxgl;
    char *sql;

    /* 打开数据库 */
    jxgl = sqlite3_open("jxgl_sqlite.db", &db);
    if( jxgl )
    {
          fprintf(stderr,"Can'topen database:%s\n",sqlite3_errmsg(db));
          exit(0);
    }
    else
    {
          fprintf(stdout, "Opened database successfully\n");
```

```
    }

    /* Create SQL statement */
    sql = "select * from student ;";

    /* Execute SQL statement */
    Jxgl = sqlite3_get_table(db,sql,&resultp, &nrow,&ncolumn,&zErrMsg);
    if( jxgl != SQLITE_OK )
    {
          fprintf(stderr, "SQL error: %s\n", zErrMsg);
          sqlite3_free(zErrMsg);
    }
    else
    {
          printf ("row:%d column=%d \n",nrow,ncolumn);
          printf ("\n the result of querying is :\n");
          for (i=0;i<(nrow + 1)*ncolumn ;i++)
          printf ("resultp [%d]=%s\n",i,resultp[i]);
          fprintf(stdout, "Operation done successfully\n");
    }
    sqlite3_free_table(resultp);
    sqlite3_close(db);
    return 0;
}
```

```
Opened database successfully
row:5 column=6

 the result of querying is :
resultp [0]=num
resultp [1]=name
resultp [2]=sex
resultp [3]=address
resultp [4]=telephone
resultp [5]=class
resultp [6]=1
resultp [7]=zhangsan
resultp [8]=male
resultp [9]=xiamen
resultp [10]=13012341234
resultp [11]=class1
resultp [12]=2
resultp [13]=lisi
resultp [14]=female
resultp [15]=(null)
resultp [16]=13012341236
resultp [17]=class1
resultp [18]=3
resultp [19]=wangwu
resultp [20]=female
resultp [21]=shanghai
resultp [22]=13012341258
resultp [23]=class2
resultp [24]=4
resultp [25]=chenqi
resultp [26]=male
resultp [27]=fuzhou
resultp [28]=(null)
resultp [29]=class3
resultp [30]=5
resultp [31]=zhaojiu
resultp [32]=male
resultp [33]=(null)
resultp [34]=13012343236
resultp [35]=class2
Operation done successfully
```

图 6-29 数据结果显示（以数组形式存放数据并显示结果）

6.5 习题

建立数据库，包含以下数据表：

Students 表，包含字段学生学号 stuno，学生姓名 stuname，学生性别 stugender，学生出生日期 stubirthday，学生班级 stuclass。

Teachers 表，包含字段教师工号 tchno，教师姓名 tchname，教师性别 tchgender，教师职称 tchprof，教师部门 tchdepart。

Courses 表，包含字段课程编号 cno，课程名称 cname，课程教师工号 tchno。

Score 成绩表，包含字段学生学号 stuno，课程编号 cno，课程成绩 score。

（1）在各个表中插入若干数据；

（2）查询 Students 表中的所有记录 stuno、stuname 和 stuclass 的列；

（3）查询 Score 表中成绩为 85 或 90 的记录；

（4）查询 Students 表中某个班级的所有学生的信息；

（5）以班级和年龄从大到小的顺序查询 Students 表中的全部记录；

（6）查询 Students 表中所有女同学的记录；

（7）以 cno 升序查询 Score 表的所有记录；

（8）查询某课程的平均分；

（9）查询某班级某门课程的平均分；

（10）查询 Score 表中最高分的学生的学号和课程编号；

（11）查询所有任课教师的姓名和部门；

（12）查询所有未任课教师的姓名和部门；

（13）查询某位任课教师的所有学生的成绩；

（14）以班级和年龄从大到小的顺序查询 Students 表中的全部记录。

第7章 嵌入式系统的移植

7.1 本章目标

思政目标

Linux 操作系统的剪裁往往需要团队合作完成，涉及多个领域的知识和技能。读者应学会与他人分工协作，共同完成复杂的任务。

学习目标

通过本章的学习，读者能够通过串口或网络接口实现嵌入式开发板与计算机之间的通信，并学会 BootLoader、嵌入式 Linux 系统内核及文件系统的移植方法，将其更新到开发板上。

嵌入式系统是专用的计算机系统，对功能、可靠性、体积、成本、功耗等都有严格的要求。因此，大多数嵌入式设备的处理器都不一样，一般没有硬盘等大容量存储设备，而是采用 NAND flash、eMMC 等作为存储设备，也没有标准键盘、鼠标等输入设备，而是采用触摸屏和按键输入。因此，嵌入式系统上一般不安装发行版的 Linux 系统，而是采用专门针对目标开发板的嵌入式 Linux 系统。

为了能够在目标开发板上运行嵌入式 Linux 操作系统内核和具体的应用程序，一般还需要引导程序 BootLoader 和文件系统，再加上开发环境，这些内容共同构成嵌入式软件系统。这些内容不需要开发者编写全部代码，只需下载已有的工具或代码进行移植改造，经过编译后烧写到目标开发板上即可。将某个平台的代码运行在其他平台上的过程就叫作移植。

在移植完成后，需要将移植好的内容编译并烧写到开发板的存储器上，比较典型的做法是将 Flash 存储器分成 5 个区，分别存放引导程序 BootLoader、启动参数、操作系统内核、根文件系统和应用程序，如图 7-1 所示。有的系统将应用程序统一存放在根文件系统中。

BootLoader	启动参数	操作系统内核	根文件系统	应用程序

Flash存储器

图 7-1　Flash 存储器的典型分区

7.2　嵌入式交叉编译环境的构建

嵌入式系统开发环境包括硬件环境和软件环境两种，硬件环境就是嵌入式开发板和开发主机，以及它们之间的连接方式。嵌入式开发板一般称为目标机，开发主机即计算机，也称为宿主机。宿主机上安装开发工具，用来编写、编译目标机上的引导程序、内核和文件系统，并下载和烧写到目标机上，然后在目标机上运行，这样的开发方式称为交叉开发方式。

目前，宿主机上一般安装 Linux 操作系统，其性能稳定，能提供图形化的用户交互界面和强大的本地编译器。

7.2.1　宿主机和目标机的连接方式

对于交叉开发方式，需要在宿主机和目标机之间建立连接才能将宿主机上编译好的代码下载并烧写到目标机上。

宿主机和目标机之间的连接通常使用串口、USB 接口、以太网接口及 JTAG 接口，如图 7-2 所示。

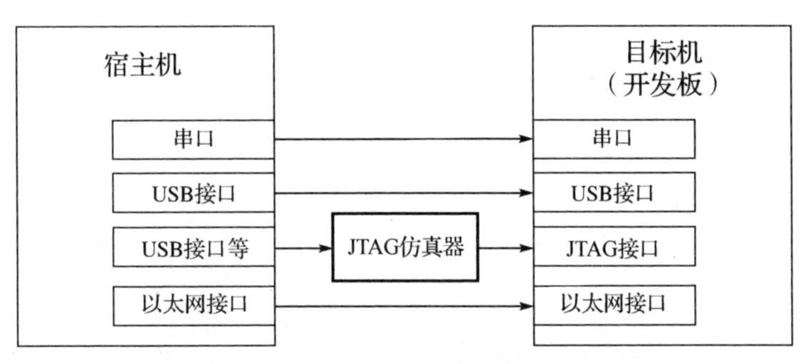

图 7-2　宿主机和目标机之间的连接方式

串口：宿主机和目标机之间的串口连接常常使用 9 针串口（DB9），将串口作为控制台，可以向目标机发送命令、显示信息，同时可以通过串口调试应用程序和内核，也可以在目标机和宿主机之间进行文件传输。串口的驱动一般是计算机自带的，使用方便。串口的缺点是通信速度较低，不适合大数据量传输，而且目前的笔记本电脑一般不带串口，使用时需要采用 USB 转串口的接口，因此，串口一般用来调试程序及传输小型文件。

USB 接口：该接口是计算机的标准外部设备，支持热插拔，通信速度快，但是需要特殊的驱动程序支持，常在烧写程序时使用。

以太网接口：一般采用 RJ-45 标准插头实现局域网连接，通过以太网连接和网络协议，可实现快速的数据通信和文件传输，缺点是驱动程序较麻烦。

JTAG 接口：JTAG 是一种嵌入式调试技术，是联合测试行动组定义的一种国际标准测试协议，主要用于芯片内部的测试，以及对系统进行仿真和调试。系统首次烧写 BootLoader 时需要用到该接口。

7.2.2 串口传输

串口传输是在开发调试阶段常用的方法。Windows 系统常用的串口通信软件有 SecureCRT、超级终端或者串口助手工具，在 Linux 系统中常用的串口通信软件是 minicom。如果将台式计算机的串口与本项目开发板的串口 COM3 连接，则可以直接使用超级终端工具。如果用户使用的是笔记本电脑，或者是没有串口的计算机，则可以使用 USB 转串口线来连接开发板和计算机。

1. 串口通信软件配置

下面以 Win10-64 位宿主机为例进行说明，使用 SecureCRT 传输工具，其他串口软件也有类似的设置。

先选择【管理工具】→【计算机管理】→【设备管理器】选项，单击【端口（COM 和 LPT)】选项，如图 7-3 所示。此时显示的“Prolific USB-to-Serial Comm Port(COM4)”表示的是 USB 转串口后的端口为 COM4。

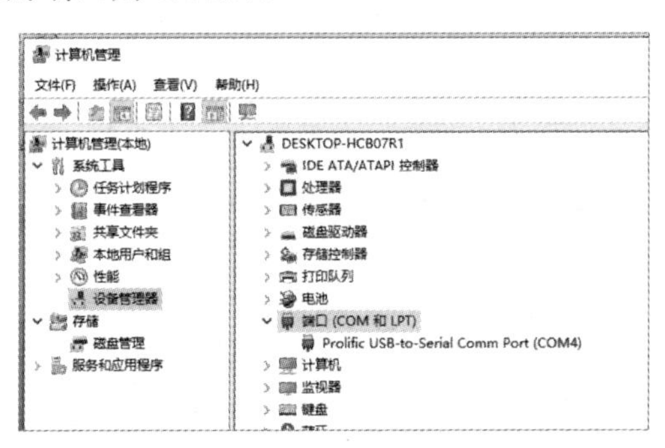

图 7-3 计算机端口选择

然后打开 SecureCRT 软件，选择新建连接，选择串口协议，“端口”选择“COM4”，“波特率”选择“115200”，数据位为 8 位，无校验位，停止位为 1 位，无数据流控制，如图 7-4 所示。

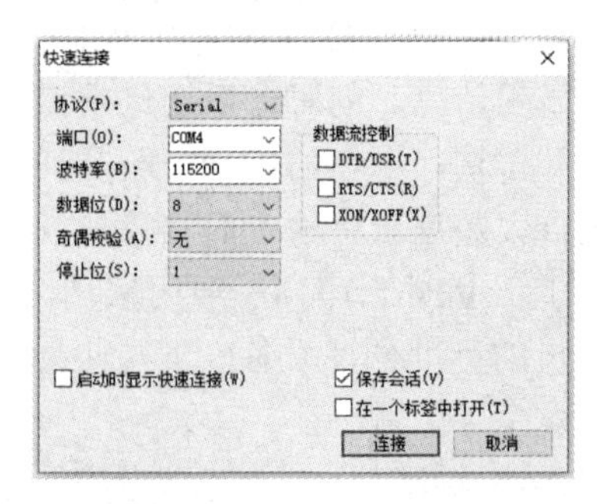

图 7-4 串口参数设置

单击【连接】按钮后，自动进入串口信息显示界面，或者按回车键进入该界面，如图 7-5 所示。开发板内核及应用程序运行过程中的调试信息会显示在该界面上。

```
Serial-COM4 (2)
Try to bring eth0 interface up......[    9.190147] [dm96] Set mac addr 08:90:90:90:90:90
[    9.193410] [dm96] [08] [90] [90] [90] [90] [90]
[    9.213320] dm9620 1-3.2:1.0: eth0: link down
[    9.223496] link_reset() speed: 10 duplex: 0
[    9.231114] ADDRCONF(NETDEV_UP): eth0: link is not ready
Done
Starting Qtopia4, please waiting...
~ # 44
/etc/pointercal is exit
[   10.458674] s3cfb s3cfb.0: [fb2] already in                    FB_BLANK_UNBLANK
Cannot open input device '/dev/tty0': No such file or directory
[   12.671907] CPU3: shutdown

~ #
~ #
~ #
~ #
~ #
```

图 7-5　串口信息显示界面

2. 文件传输

在调试的过程中，如需要在计算机与开发板之间进行文件传输，可以使用 lrz 和 lsz（或者 rz 和 sz）命令实现。

lrz（rz）命令：该命令实现从计算机到开发板的文件传输，只需在调试界面输入 lrz（rz）命令，SecureCRT 软件会自动跳出图 7-6 所示的界面。在该界面中，只需双击选择需要传输的文件，然后单击【确定】按钮即可。

图 7-6　使用 lrz（rz）命令选择需要传输的文件

在传输的过程中会显示传输的进度，如传输完成会显示“100%，0 错误”的信息，输入 ls 命令后，会显示正在传输的文件，如图 7-7 所示。需要注意的是，传输前要确定当前目录下不能存在与传输文件同名的文件，否则会传输失败。

lsz（sz）命令：该命令用于从开发板向计算机传输文件。输入“lsz 文件名”后，会自动显示传输的进度，如图 7-8 所示。传输完成后，可以到 SecureCRT 软件的 download 接收目录下查看传输的文件。

```
姅 # lrz
lrz waiting to receive.
正在开始 zmodem 传输。 按 Ctrl+C 取消。
正在传输 1.png...
  100%      161 KB    10 KB/s 00:00:15        0 错误

姅 # ls
1.png         dev         mnt          sbin         tmp
2.png         etc         opt          sys          usr
LedDev.ko     home        proc         system       var
analogclock   lib         qt-exam1     test_demo    version
bin           linuxrc     root         test_led
~ #
```

图 7-7 使用 ls 命令显示正在传输的文件

```
~ # ls
2.png         dev       linuxrc    qt-exam1    system      usr
LedDev.ko     etc       mnt        root        test_demo   var
analogclock   home      opt        sbin        test_led    version
bin           lib       proc       sys         tmp
~ # lsz 2.png
rz
正在开始 zmodem 传输。 按 Ctrl+C 取消。
正在传输 2.png...
  100%      161 KB    10 KB/s 00:00:15        0 错误

棐O~ #
```

图 7-8 使用 lsz（sz）命令传输文件

7.2.3 交叉编译环境的构建

交叉编译是指在宿主机上编译出能够在目标机上运行的可执行程序的过程。在开发的过程中，宿主机需要安装很多软件，因此对宿主机的性能要求比较高，建议宿主机的处理器主频为 1.6GHz，内存大小为 4GB 或以上，硬盘大小为 216GB。一般在宿主机上安装虚拟机，然后在虚拟机中安装 Linux 操作系统，本书中虚拟机选用的是 VMware Workstation 16.0 版本，Linux 操作系统选用的是 Ubuntu。

构建交叉编译环境一般有以下三种方法。

第一种方法：从网上下载交叉编译环境所需的源代码，分步编译，最终生成交叉编译工具。该方法相对困难，不适合初学者。

第二种方法：通过 Crosstools 脚本工具实现一次编译生成交叉编译工具。该方法相对第一种方法更简单，出错机会较少。

第三种方法：使用开发平台供应商提供的开发工具套件。这是最常用的方法。

本节采用第三种方法，以配置 xitee-4412 开发板的开发环境为例进行说明。

（1）将交叉编译工具链压缩包文件 arm-2009q3.tar.bz2 解压缩到/usr/local/arm 目录下，此时，该目录下会出现 arm-2009q3 文件夹，其中包含 bin、lib、include 等子目录。

（2）将/usr/local/arm/arm-2009q3/bin 文件夹加入系统变量 PATH 中。进入/root 目录，使用命令 “vim .bashrc”打开.bashrc 文件，找到系统变量 PATH 后，在其后增加一行 “export PATH=$PATH:/usr/local/arm/arm-2009q3/bin”，保存后退出，然后输入命令 “source .bashrc”，更新环境变量，如图 7-9 所示。

（3）测试编译器路径设置是否正确。在 Ubuntu 命令行中输入命令“arm-none-linux-gnueabi-gcc -v”，若出现图 7-10 所示的内容，则说明编译器路径设置正确，编译器已经被切换为 2009q3 版本。

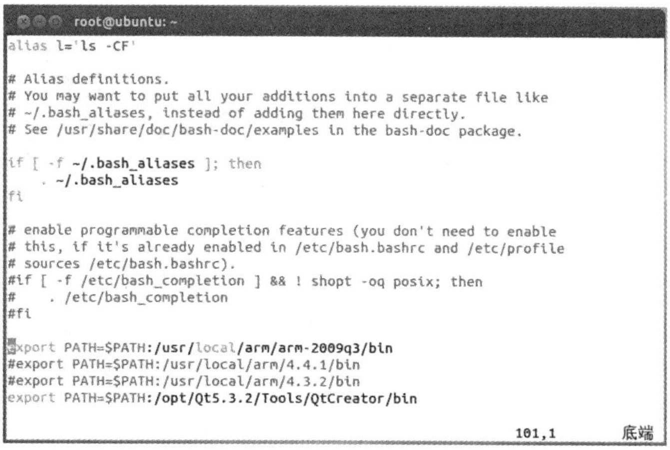

```
root@ubuntu: ~
alias l='ls -CF'

# Alias definitions.
# You may want to put all your additions into a separate file like
# ~/.bash_aliases, instead of adding them here directly.
# See /usr/share/doc/bash-doc/examples in the bash-doc package.

if [ -f ~/.bash_aliases ]; then
    . ~/.bash_aliases
fi

# enable programmable completion features (you don't need to enable
# this, if it's already enabled in /etc/bash.bashrc and /etc/profile
# sources /etc/bash.bashrc).
#if [ -f /etc/bash_completion ] && ! shopt -oq posix; then
#    . /etc/bash_completion
#fi

export PATH=$PATH:/usr/local/arm/arm-2009q3/bin
#export PATH=$PATH:/usr/local/arm/4.4.1/bin
#export PATH=$PATH:/usr/local/arm/4.3.2/bin
export PATH=$PATH:/opt/Qt5.3.2/Tools/QtCreator/bin

                                                    101,1          底端
```

图 7-9　更新环境变量

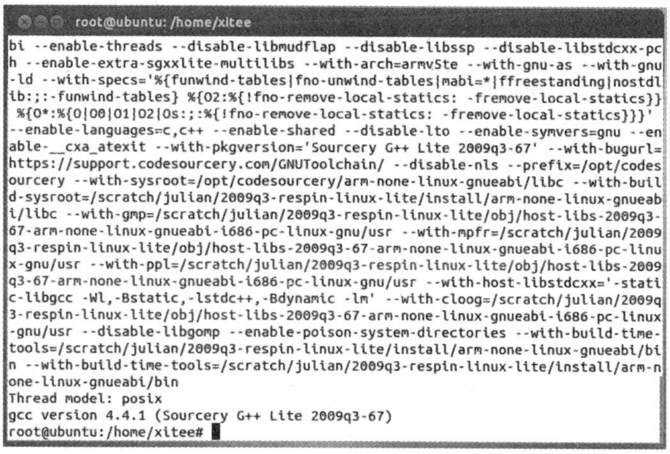

```
root@ubuntu: /home/xitee
bi --enable-threads --disable-libmudflap --disable-libssp --disable-libstdcxx-pc
h --enable-extra-sgxxlite-multilibs --with-arch=armv5te --with-gnu-as --with-gnu
-ld --with-specs='%{funwind-tables|fno-unwind-tables|mabi=*|ffreestanding|nostdl
ib:;:-funwind-tables} %{O2:%{!fno-remove-local-statics: -fremove-local-statics}}
 %{O*:%{O|O0|O1|O2|Os:;:%{!fno-remove-local-statics: -fremove-local-statics}}}'
--enable-languages=c,c++ --enable-shared --disable-lto --enable-symvers=gnu --en
able-__cxa_atexit --with-pkgversion='Sourcery G++ Lite 2009q3-67' --with-bugurl=
https://support.codesourcery.com/GNUToolchain/ --disable-nls --prefix=/opt/codes
ourcery --with-sysroot=/opt/codesourcery/arm-none-linux-gnueabi/libc --with-buil
d-sysroot=/scratch/julian/2009q3-respin-linux-lite/install/arm-none-linux-gnueab
i/libc --with-gmp=/scratch/julian/2009q3-respin-linux-lite/obj/host-libs-2009q3-
67-arm-none-linux-gnueabi-i686-pc-linux-gnu/usr --with-mpfr=/scratch/julian/2009
q3-respin-linux-lite/obj/host-libs-2009q3-67-arm-none-linux-gnueabi-i686-pc-linu
x-gnu/usr --with-ppl=/scratch/julian/2009q3-respin-linux-lite/obj/host-libs-2009
q3-67-arm-none-linux-gnueabi-i686-pc-linux-gnu/usr --with-host-libstdcxx='-stati
c-libgcc -Wl,-Bstatic,-lstdc++,-Bdynamic -lm' --with-cloog=/scratch/julian/2009q
3-respin-linux-lite/obj/host-libs-2009q3-67-arm-none-linux-gnueabi-i686-pc-linux
-gnu/usr --disable-libgomp --enable-poison-system-directories --with-build-time-
tools=/scratch/julian/2009q3-respin-linux-lite/install/arm-none-linux-gnueabi/bi
n --with-build-time-tools=/scratch/julian/2009q3-respin-linux-lite/install/arm-n
one-linux-gnueabi/bin
Thread model: posix
gcc version 4.4.1 (Sourcery G++ Lite 2009q3-67)
root@ubuntu:/home/xitee#
```

图 7-10　查看编译器版本

7.2.4　Flash 烧写步骤

嵌入式系统的程序烧写是指将 BootLoader、操作系统内核、根文件系统等固化到开发板的存储器中，相当于在计算机上安装操作系统的过程。烧写的程序文件如表 7-1 所示。

表 7-1　烧写的程序文件

文　件　名	内　　容
u-boot-4412.bin	BootLoader
ramdisk-uboot.img	ramdisk
systemfs.img	根文件系统
zImage	操作系统内核

在烧写程序时，可采用很多种方案，有的系统直接使用串口实现上述内容的烧写，但是串口传输的速度很慢，特别是在烧写根文件系统时，可能需要十几分钟之久，现在已经很少直接使用串口传输的方案。目前常常采用 USB 接口烧写或者使用 TF 卡烧写，本节主要讲解使用串口配合 USB OTG 接口烧写的方案，在系统开发调试时常使用这种方法。

1. 硬件准备

（1）使用串口线连接开发板串口与计算机串口。

（2）使用 OTG 线将开发板 OTG 接口和计算机的 USB 接口相连。

（3）连接电源。

2. 软件连接

（1）确定 ADB 驱动已经安装，该驱动的安装方法详见 2.6 节 ADB 驱动安装。

（2）将资料中的 platform-tools 压缩包解压，并将需要烧写的文件复制到解压后的文件夹下，这些文件包括 ramdisk-uboot.img、systemfs.img、u-boot-4412.bin、zImage 等，如图 7-11 所示。

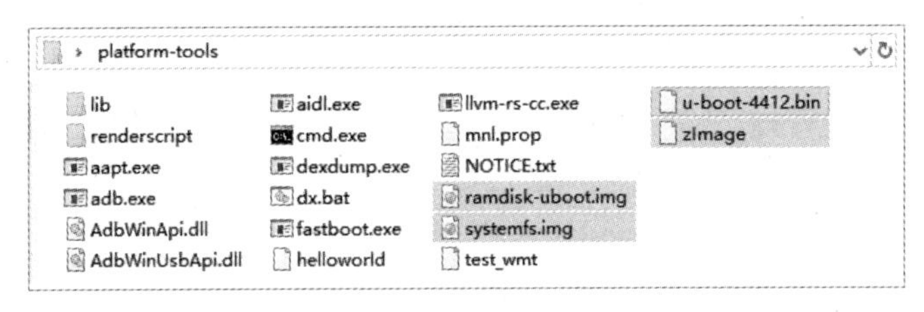

图 7-11　platform-tools 文件夹

（3）打开串口工具并连接好。

（4）上电启动开发板，2 秒内按键盘上的空格键或回车键进入 U-Boot 模式，如图 7-12 所示。

```
In:    serial
Out:   serial
Err:   serial
eMMC OPEN Success.!!
                        !!!Notice!!!
!You must close eMMC boot Partition after all image writing!
!eMMC boot partition has continuity at image writing time.!
!So, Do not close boot partition, Before, all images is written.!

MMC read: dev # 0, block # 48, count 16 ...16 blocks read: OK
eMMC CLOSE Success.!!


Checking Boot Mode ... EMMC4.41
SYSTEM ENTER NORMAL BOOT MODE
Hit anv kev to stop autoboot:  0
xitee-4412 #
```

图 7-12　开发板进入 U-Boot 模式

（5）创建 eMMC 分区并格式化。如果原来已经做过此步骤，则可以跳过，不必每次烧写前都创建分区和格式化。在串口工具中输入如下分区命令，执行效果如图 7-13 所示。

```
fdisk  -c  0
```

```
xitee-4412 # fdisk -c 0
.fdisk is completed

partion #     size(MB)     block start #     block count     partition_Id
   1            1340          4862616          2744544          0x0C
   2            1026            37290          2103156          0x83
   3            1026          2140446          2103156          0x83
   4             302          4243602           619014          0x83
xitee-4412 #
```

图 7-13　分区命令执行效果

以下是对各个分区的格式化命令，对第一个分区的格式化命令如下，执行效果如图 7-14

所示。

```
fatformat mmc 0:1
```

```
xitee-4412 # fatformat mmc 0:1
Start format MMC&d partition&d ...
Partition1: Start Address(0x4a3298), Size(0x29e0e0)
................................size checking ...
Under 8G
write FAT info: 32
Fat size : 0xa78
..Erase FAT region.........................................
...........................................................
...........................................................
.Partition1 format complete.
xitee-4412 #
```

图 7-14　格式化命令执行效果

对第二、三、四个分区的格式化命令如下，可依次输入这三个命令，并等待格式化完成。

```
fatformat mmc 0:2
fatformat mmc 0:3
fatformat mmc 0:4
```

（6）在超级终端中，输入命令 fastboot，执行效果如图 7-15 所示。

```
xitee-4412 # fastboot
[Partition table on MoviNAND]
ptn 0 name='bootloader' start=0x0 len=N/A (use hard-coded info. (
ptn 1 name='kernel' start=N/A len=N/A (use hard-coded info. (cmd:
ptn 2 name='ramdisk' start=N/A len=0x300000(~3072KB) (use hard-co
ptn 3 name='Recovery' start=N/A len=0x600000(~6144KB) (use hard-c
ptn 4 name='system' start=0x1235400 len=0x402EE800(~1051578KB)
ptn 5 name='userdata' start=0x41523C00 len=0x402EE800(~1051578KB)
ptn 6 name='cache' start=0x81812400 len=0x12E40C00(~309507KB)
ptn 7 name='fat' start=0x94653000 len=0x53C1C000(~1372272KB)
```

图 7-15　fastboot 命令执行效果

（7）在计算机上运行 platform-tools 文件夹中的文件 cmd.exe（也可使用 Windows 系统中的 cmd.exe 工具，但是要将目录切换到 platform-tools 下）。在 Windows 命令行中，开始输入命令进行文件的烧写。

需要注意的是，以下四个文件都是通过 fastboot.exe flash 命令进行烧写的，可以根据需要分开执行，只烧写单个的镜像，不必每次都烧写四个文件。

烧写 BootLoader：对应文件为 u-boot-4412.bin。

特别提醒，一般不建议用户烧写这个文件。该文件内容为 BootLoader，出厂前一般已经烧写过，如果此步骤烧写出错，则开发板不能再启动，需要使用 JTAG 接口重新烧写 Uboot。

若需要烧写，则输入如下烧写命令，烧写过程如图 7-16 所示。

```
fastboot.exe  flash  bootloader  u-boot-4412.bin
```

图 7-16　BootLoader 烧写过程

烧写内核：对应文件为zImage，命令如下，烧写过程如图7-17所示。

```
fastboot.exe  flash  kernel  zImage
```

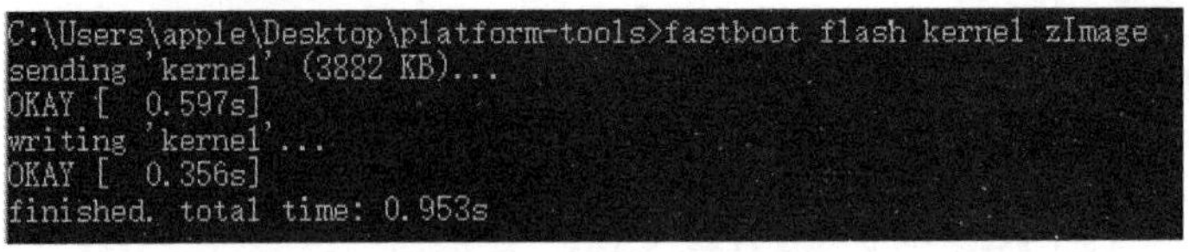

```
C:\Users\apple\Desktop\platform-tools>fastboot flash kernel zImage
sending 'kernel' (3882 KB)...
OKAY [  0.597s]
writing 'kernel'...
OKAY [  0.356s]
finished. total time: 0.953s
```

图 7-17　内核烧写过程

烧写 ramdisk：对应文件为ramdisk-uboot.img，命令如下，烧写过程如图7-18所示。

```
fastboot.exe  flash  ramdisk ramdisk-uboot.img
```

```
C:\Users\apple\Desktop\platform-tools>fastboot flash ramdisk ramdisk-uboot.img
sending 'ramdisk' (636 KB)...
OKAY [  0.108s]
writing 'ramdisk'...
OKAY [  0.207s]
finished. total time: 0.318s
```

图 7-18　ramdisk 烧写过程

烧写文件系统：对应文件为systemfs.img，命令如下，烧写过程如图7-19所示。

```
fastboot.exe flash system systemfs.img
```

```
C:\Users\apple\Desktop\platform-tools>fastboot flash system systemfs.img
sending 'system' (204696 KB)...
OKAY [ 30.904s]
writing 'system'...
OKAY [123.067s]
finished. total time: 159.799s
```

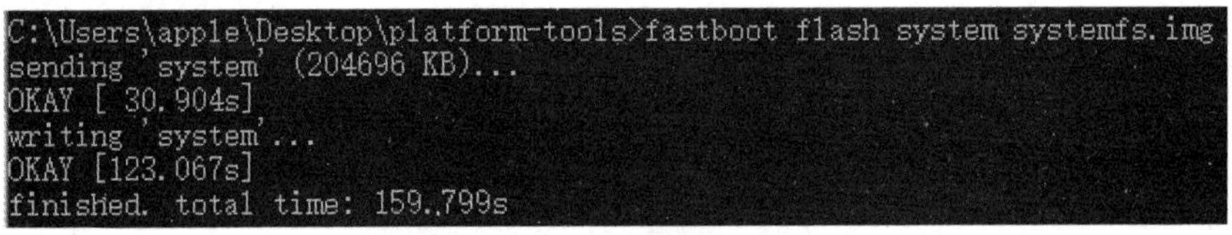

图 7-19　文件系统烧写过程

以上四个文件烧写完成后，需输入如下擦除命令，执行效果如图7-20所示。

```
fastboot  -w
```

```
C:\Users\apple\Desktop\platform-tools>fastboot -w
erasing 'userdata'...
OKAY [  1.706s]
erasing 'cache'...
OKAY [  0.868s]
finished. total time: 2.575s
```

图 7-20　擦除命令执行效果

（8）烧写完成，重启开发板，在Windows命令行中，输入以下重启命令，执行效果如图7-21所示。

```
fastboot  reboot
```

```
C:\Users\apple\Desktop\platform-tools>fastboot reboot
rebooting...

finished. total time: 0.003s
```

图 7-21　重启命令执行效果

7.3 BootLoader 程序

BootLoader 程序又称为引导加载程序，是系统上电后运行的第一段代码，其作用相当于计算机上的 BIOS。一般来说，系统上电或复位后通常从某个固定地址读取第一条指令，大部分的嵌入式系统都会将某类固态存储设备预先映射到该地址上，而 BootLoader 就存放在这类固态设备上。在 ARM 系统中，这个固定地址通常取值为 0x00000000。

对嵌入式系统而言，并没有通用的 BootLoader，因为 BootLoader 严重依赖于硬件平台，不仅与 CPU 的体系结构相关，还与嵌入式开发板的设备配置相关。对于两块不同的嵌入式开发板，即使所使用的 CPU 相同，其 LCD、串口等外部设备不同，所使用的 BootLoader 也要经过修改才能运行在另外一块开发板上。

BootLoader 具有很多共性。因此，某些 BootLoader 如 U-Boot 支持多种体系结构的嵌入式系统，只需通过一定的改动，即可运行在不同的开发板上，完成引导操作系统的任务。

7.3.1 BootLoader 的工作模式

简单说来，BootLoader 是在操作系统内核运行前的一小段程序，通过这段程序可以初始化硬件设备、映射内存空间等，将系统的软硬件环境调整到适合操作系统内核运行的状态，最终把操作系统内核镜像加载到 RAM 中，并将系统控制权交给它。嵌入式系统的运行过程如图 7-22 所示。

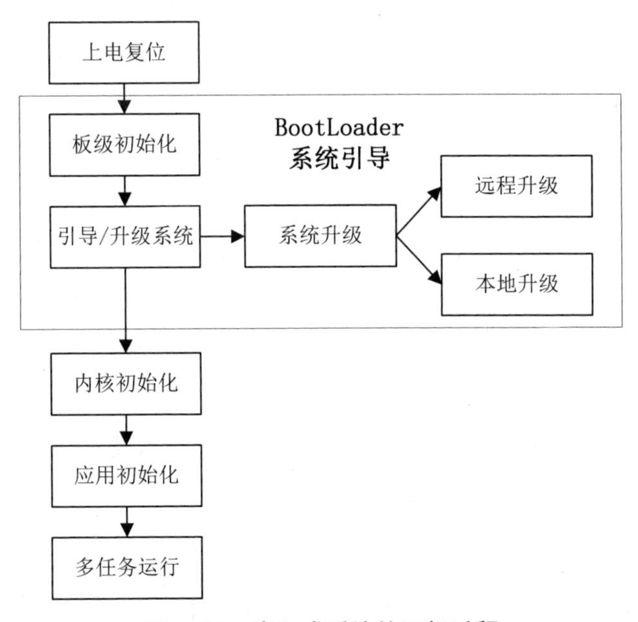

图 7-22 嵌入式系统的运行过程

大多数 BootLoader 包含两种操作模式：启动加载模式和下载模式。这两种模式的划分对于开发人员的意义较大，对用户来说意义不大。

1. 启动加载模式

启动加载模式也称为自主模式，BootLoader 完成硬件的自检、配置后，从某个固体存储设备上直接将操作系统内核复制到 RAM 空间，并跳入内核入口，实现自启动。整个过程没有人为的干预，这是 BootLoader 的正常工作模式。

2. 下载模式

在下载模式下，目标机上的 BootLoader 通过串口或网络连接等方式从宿主机上下载文件到 RAM 中，如操作系统内核镜像文件或者根文件系统镜像文件等，再将文件内容固化到 Flash 或其他固态存储中，这种模式一般在系统更新时使用。在该模式下，BootLoader 向终端用户提供一个简单的命令行接口，用户可通过输入命令控制 BootLoader 完成不同的操作。

目前主流的 BootLoader 同时支持这两种模式。BootLoader 启动前期，在 2～3 秒的时间内等待用户输入，如果用户在此期间按下除回车键外的其他按键，则进入下载模式；如果用户按下回车键或者没有按下按键，则继续进入启动加载模式，正常启动操作系统内核。

7.3.2 BootLoader 的工作流程

嵌入式系统中，BootLoader 严重依赖硬件，因此不存在通用的 BootLoader，但是大多数 BootLoader 的工作流程类似，一般分为两个阶段。

第一阶段的代码通常使用汇编语言实现，主要完成 CPU 的硬件初始化，并为第二阶段的工作做准备，任务如下：

（1）基本的硬件设备初始化，屏蔽所有中断，设置 CPU 的速度和时钟频率，关闭处理器内部的指令/数据缓存等。

（2）初始化存储器，为加载第二阶段的代码准备 RAM 空间。

（3）复制第二阶段代码到 RAM 空间。

（4）设置堆栈。

（5）跳转到第二阶段的 C 语言程序入口。

第二阶段的代码通常用 C 语言来实现，以便于实现更复杂的功能，使其具备更好的代码可读性、可移植性，任务如下：

（1）初始化本阶段需要的硬件设备，如串口、USB 接口、网络设备、键盘、LCD 等。

（2）检测系统内存映射。

（3）将操作系统内核和根文件系统镜像从 Flash 复制到 RAM 空间。

（4）内核设置启动参数。

（5）等待用户输入，如果没有用户输入，就调用内核；如果有用户输入，就进入下载模式，等待命令并执行。

7.3.3 常用的 BootLoader

1. U-Boot

U-Boot 全称为 Universal BootLoader，是遵循 GPL 条款的开放源码项目，是在 PPCBoot 及 ARMBoot 的基础上逐步发展和演化而来的。现在 U-Boot 能够支持 PowerPC、ARM、X86、MIPS 等体系结构的上百种开发板，已经成为功能最多、灵活性最强，并且开发最多的开放源代码的 BootLoader。

U-Boot 提供大量外部设备驱动，支持多个文件系统，附带调试、脚本、引导等工具，特别支持 Linux 系统，为板级移植做了大量的准备。

U-Boot 源代码目录、编译形式与 Linux 内核很相似，事实上，不少 U-Boot 源代码就是相应的 Linux 内核源代码的简化，尤其是一些设备的驱动程序，从 U-Boot 源代码的注释中能体现这一点。但是 U-Boot 不仅支持对嵌入式 Linux 系统的引导，还支持对 NetBSD、VxWorks、QNX、RTEMS、RTOS、LynxOS 等嵌入式操作系统的引导。

2. vivi

vivi 是由韩国 Mizi 公司开发的一种 BootLoader，专门针对 ARM9 处理器而设计，支持 S3C2410x 处理器。和所有的 BootLoader 一样，vivi 有两种工作模式，即启动加载模式和下载模式。当 vivi 处于下载模式时，它为用户提供一个命令行接口，通过该接口可以使用 vivi 提供的一些命令。

3. Blob

Blob（BootLoader Object）是由 Jan-Derk Bakker 和 Erik Mouw 发布，专为 StrongARM 构架下的 LART 设计的 BootLoader。

Blob 支持 SA1100 的 LART 主板，用户可以自行修改移植。Blob 也提供两种工作模式，在启动时处于正常的启动加载模式，但是会延时 10 秒等待终端用户按下任意键将 Blob 切换到下载模式。如果在 10 秒内用户没有按下按键，则 Blob 继续启动 Linux 内核。

Blob 功能比较齐全，代码较少，比较适合进行修改移植，用来引导 Liunx 系统，目前大部分 S3C44B0 开发板都用 Blob 修改移植后来加载 μCLinux 操作系统。

4. ARMboot

ARMboot 是一个 ARM 平台的开源固件项目，其支持的处理器构架有 StrongARM、ARM720T、PXA250 等，是为基于 ARM 或者 StrongARM CPU 的嵌入式系统所设计的。ARMboot 的目标是成为通用的、容易使用和移植的引导程序，非常方便地运用于新的平台上。总的来说，ARMboot 介于大、小型 BootLoader 之间，相对轻便，基本功能完备，缺点是缺乏后续支持。ARMboot 发布的最后版本为 ARMboot 1.1.0，2002 年终止了对 ARMboot 的维护。

5. RedBoot

RedBoot 是标准的嵌入式调试和引导解决方案，是一个专门为嵌入式系统定制的引导工具，最初由 Red Hat 公司开发，是嵌入式操作系统 eCos 的一个最小版本，是随 eCos 发布的一个 Boot 方案，是一个开源项目。RedBoot 现在交由自由软件基金会（FSF）管理，遵循 GPL 协议，集 BootLoader、调试、Flash 烧写于一体，支持串口、网络下载，执行嵌入式应用程序。RedBoot 既可以用在产品的开发阶段（调试功能），也可以用在最终的产品上（Flash 更新、网络启动）。

RedBoot支持的处理器构架有 ARM、MIPS、PowerPC、X86等，是一个完善的嵌入式系统 BootLoader。

7.3.4 U-Boot 引导程序

U-Boot 不仅支持对嵌入式 Linux 系统的引导，还支持对 VxWorks、QNX、LynxOS 等嵌入式操作系统的引导，除了支持 PowerPC 系列的处理器，还支持 MIPS、X86、ARM、NIOS、XScale 等诸多常用系列的处理器。U-Boot 具有较高的可靠性和稳定性、高度灵活的功能设置，适用于调试、操作系统不同的引导要求、产品发布等；包含丰富的设备驱动源代码，如串口、以太网、SDRAM、FLASH、LCD、NVRAM、EEPROM、RTC、键盘等；还包含较为丰富的开发调试文档与强大的网络技术支持。U-Boot 代码可从官方源码 Ftp 下载。

1. U-Boot 的目录构成

U-Boot 顶层目录下有以下主要的子目录，分别存放和管理不同的程序，其功能如表 7-2 所示。

表 7-2　U-Boot 主要子目录功能表

目　　录	功　　能
board	目标板相关文件，主要包含 SDRAM、Flash 驱动
common	独立于处理器体系结构的通用代码，可进行内存大小探测与故障检测
cpu	与处理器相关的文件，包含启动文件 start.S，其子目录下含串口、网口、LCD 驱动及中断初始化等文件
doc	U-Boot 的说明文档
drivers	通用设备驱动
examples	可在 U-Boot 下运行的示例程序，如 demo.c
include	U-Boot 头文件，其中 configs 子目录下与目标板相关的配置头文件是移植过程中经常要修改的文件
lib_xxx	处理器体系相关的文件，如 lib_arm 目录包含与 ARM 体系结构相关的文件
net	与网络功能相关的文件目录，如 bootp、nfs、tftp
post	上电自检文件目录
tools	用于创建 U-Boot S-RECORD 和 BIN 镜像文件的工具

2. U-Boot 的编译

U-Boot 的源代码是通过 GCC 和 Makefile 进行编译的。顶层目录下 Makefile 可以设置开发板的定义，再依次调用各级子目录下的 Makefile，编译成 U-Boot 镜像。

在其顶层目录下的 Makefile 负责 U-Boot 的整体配置工作，每一种开发板在 Makefile 中都需要有开发板的配置定义，如需编译新的开发板，可以仿照编写。xitee_4412 开发板的定义如下：

```
xitee_4412_ config:  unconfig
    @$(MKCONFIG) $(@:_config=) arm arm_cortexa9 smdkc210 samsung  s5pc210
```

以上程序会自动执行 make xitee_4412_ config 进行编译，该命令会使用 mkconfig 脚本自动生成针对该开发板的配置脚本 include/config.mk。

```
ARCH        = arm
CPU         = arm_cortexa9
BOARD       = smdkc210
VENDOR      = samsung
SOC         = s5pc210
```

同时，顶层 Makefile 将包含生成的脚本 include/config.mk 文件，并且定义交叉编译器及依赖的目标文件等。

```
ifeq ($(ARCH),arm)
CROSS_COMPILE = /usr/local/arm/arm-2009q3/bin/arm-none-linux-gnueabi-
endif
……
# load other configuration
include $(TOPDIR)/config.mk
#########################################################################
# U-Boot objects....order is important (i.e. start must be first)
……
OBJS  = cpu/$(CPU)/start.o
OBJS := $(addprefix $(obj),$(OBJS))

LIBS  = lib_generic/libgeneric.a
LIBS += lib_generic/lzma/liblzma.a
……
```

镜像的依赖文件如下：

```
# Always append ALL so that arch config.mk's can add custom ones
ALL += $(obj)u-boot.srec $(obj)u-boot.bin $(obj)System.map $(U_BOOT_NAND)
$(U_BOOT_ONENAND)
all:        $(ALL)

$(obj)u-boot.hex:  $(obj)u-boot
    $(OBJCOPY) ${OBJCFLAGS} -O ihex $< $@

$(obj)u-boot.srec: $(obj)u-boot
    $(OBJCOPY) -O srec $< $@

$(obj)u-boot.bin:  $(obj)u-boot
    $(OBJCOPY) ${OBJCFLAGS} -O binary $< $@
    @#./mkuboot

    @split -b 14336 u-boot.bin bl2
    @+make -C sdfuse_q/
    @#cp u-boot.bin u-boot-4212.bin
```

```
	@#cp u-boot.bin u-boot-4412.bin
	@#./sdfuse_q/add_sign
	@./sdfuse_q/chksum
	@./sdfuse_q/add_padding
	@rm bl2a*
	@echo

$(obj)u-boot.ldr:	$(obj)u-boot
	$(CREATE_LDR_ENV)
		$(LDR) -T $(CONFIG_BFIN_CPU) -c $@ $< $(LDR_FLAGS)
......
```

从上述代码可以看出，Makefile 的编译目标包括 u-boot.srec、u-boot.bin、System.map。

根据对 Makefile 的分析，编译步骤第一步为配置。

```
make xitee_4412_ config
```

第二步为编译，执行编译命令 make，这里多加一个参数-j4，可提高编译速度。

```
make  -j4
```

最终编译出的 u-boot.bin 文件是 U-Boot 镜像的二进制格式，可烧写到开发板中。

3. U-Boot 的使用

将 U-Boot 烧写到开发板，连接超级终端等串口工具后启动，启动后 3 秒内输入非回车按键，可进入图 7-23 所示界面。在此界面可输入 U-Boot 的命令，获取 U-Boot 的信息或进行其他操作。

```
In:    serial
Out:   serial
Err:   serial
eMMC OPEN Success.!!
                        !!!Notice!!!
!You must close eMMC boot Partition after all image writing!
!eMMC boot partition has continuity at image writing time.!
!So, Do not close boot partition, Before, all images is written.!

MMC read: dev # 0, block # 48, count 16 ...16 blocks read: OK
eMMC CLOSE Success.!!


Checking Boot Mode ... EMMC4.41
SYSTEM ENTER NORMAL BOOT MODE
Hit any key to stop autoboot:  0
xitee-4412 #
```

图 7-23　U-Boot 的交互界面

（1）help 或者？命令：查看 U-Boot 支持的命令及其作用和使用方法。

（2）printenv 命令：打印 U-Boot 环境变量，如串口波特率、内核启动参数、IP 地址等。

（3）setenv 命令：对环境变量的值进行设置，但是此命令所设置的数值只保存在内存中，不写入 Flash，系统掉电重启后所设置的环境变量不起作用。

（4）saveenv 命令：将环境变量写入 Flash，系统掉电重启后数值有效。

（5）ping 命令：使用 ping 命令测试目标板的网络是否通畅。

（6）tftp 命令：可将 TFTP 服务器上的文件下载到指定的地址中，下载速度较快。

（7）loadb 命令：配合 SecureCRT 工具使用串口下载二进制文件到内存中，速度较慢。

（8）bootm 命令：启动存放在内存中的内核。常配合 tftp 命令或者 loadb 命令使用，先将内核文件下载到开发板内存中的某个地址，再用 bootm 命令启动。

（9）fastboot 命令：计算机通过 USB 或以太网接口与开发板连接，以 fastboot 协议进行通信，用于烧写系统。

7.4 Linux 操作系统的剪裁和编译

在嵌入式开发板上运行操作系统，必须对其进行特殊定制，一般的做法是从网络上下载一个合适的内核，然后对其进行剪裁，再进行交叉编译生成内核镜像文件，最后将镜像文件烧写到目标开发板上。

内核的剪裁包括选择硬件平台类型，选择内核对存储器、网络、文件系统等的支持，以及去除多余的模块，增加与目标板相关的必要模块等。

7.4.1 内核源代码结构

Linux 内核源代码可从官网下载，官网提供的内核可以确保在 Intel X86 体系结构上正常运行。但是从该网站下载的速度较慢，一般通过国内的镜像下载，在 Linux 命令行输入以下命令可获得。

```
sudo wget http://ftp.sjtu.edu.cn/sites/ftp.kernel.org/pub/linux/kernel/
v.../linux-版本号.tar.xz
```

其中，v...表示 Linux 的版本号。

读者可到该网站上查看具体需要的版本。

下载的源代码解压缩后，可看到 Linux 源代码的子目录和文件功能，如表 7-3 所示。

表 7-3 Linux 源代码的子目录和文件功能

子 目 录	文件功能
arch	arch 是 architecture 的缩写，意思是架构。arch 目录下是多个不同架构的 CPU 的子目录，如 ARM 这种 CPU 的所有文件都在 arch/arm 目录下，X86 的 CPU 的所有文件都在 arch/x86 目录下
block	该目录下存放的是一些 Linux 存储体系中关于块设备管理的代码
crypto	该目录下存放各种常见加密算法的 C 语言代码实现，如 crc32、md5、sha1 等
Documentation	文档目录，是对每个目录作用的具体说明，具有参考作用
drviers	驱动目录，分门别类地列出了 Linux 内核支持的所有硬件设备的驱动源代码
firmware	固件接口代码
fs	虚拟文件系统的代码和各个不同文件系统的代码都在这个目录中
include	头文件目录，保存了各种 CPU 架构共用的头文件，但是各种 CPU 架构特有的头文件则保存在 arch/arm/include 目录及其子目录下
init	存放 Linux 内核启动时初始化内核的代码
ipc	存放进程间通信的代码
kernel	该目录存放的是 Linux 内核的核心代码，用于实现系统的核心模块，这些模块包括进程管理、进程调度器、中断处理、系统时钟管理、同步机制等。该目录中的代码实现了这些核心模块的主体框架，独立于具体的平台和系统架构

续表

子　目　录	文件功能
lib	存放公用的库函数，在内核编程中不能使用C语言标准库函数，该目录下的库函数用来替代那些标准库函数
mm	该目录主要包含和体系结构无关的内存管理代码，包括通用分页模型的框架、伙伴算法的实现和对象缓冲器 slab 的实现代码
net	该目录下存放了网络相关的代码，如 TCP/IP 协议栈等
scripts	该目录下存放的是脚本文件，这些脚本文件用于辅助 Linux 内核的配置和编译
security	主要存放安全相关的代码
sound	主要存放音频处理相关的代码
tools	Linux 中用到的一些有用工具
usr	存放 initramfs 相关的代码，和 Linux 内核的启动有关
virt	存放与内核虚拟机相关的代码
Copying	该目录下是 GPL 版权声明。对具有 GPL 版权的源代码改动而形成的程序，或使用 GPL 工具产生的程序，具有使用 GPL 发表的义务，如公开源代码
Rules.make	该目录下是 Makefile 所使用的一些共同规则
Kbuild	这个文件就是 Linux 内核特有的内核编译体系需要用到的文件
Makefile	是 Linux 内核的总 Makefile，整个内核工程是由这个 Makefile 来管理的

7.4.2　内核的剪裁与编译

Linux 内核源代码支持多种体系结构的处理器和各种各样的驱动，这些代码分布在顶层目录的 21 个子目录下，文件达数万个。在内核编译前要根据平台的特性对内核进行配置。为了方便配置，Linux 提供了一个配置系统，该系统通过 Makefile、Kconfig 和配置工具完成配置。

1．内核剪裁配置

在第一次进行内核配置和编译前，首先要打开顶层目录下的 makefile 文件，给变量 ARCH 和 CROSS_COMPILE 赋值，其大约在文件的第 250 行。该操作的主要目的是确定平台和编译器。

```
ARCH ?= arm
CROSS_COMPILE ?= arm-linux-
```

其次在终端界面下切换到内核所在目录，输入配置命令进行操作。

Linux 的内核配置命令有以下几种。

（1）make config：进入命令行，逐行配置。

（2）make oldconfig：将当前的配置信息进行备份。

（3）make menuconfig：进入基于文本选择的配置界面进行配置，字符终端下推荐使用。

（4）make xcofnig：进入图形配置界面进行配置。

通常采用第三种方式。具体步骤为：在终端界面下切换到内核所在目录，输入命令 make menuconfig，此时会自动弹出内核配置界面，如图 7-24 所示。

在该界面中，按键盘上的上下方向键进行光标切换，使用回车键选择菜单，使用空格键修改配置选项。

在图 7-24 中，带有“--->”表示该选项包含子选项，按下回车键后进入子选项。

在每个选项前有“[]”或者“<>”，“[]”表示只有两个选项：“*”或者空。“<>”表示有三个选项：“*”、空或者“M”。按空格键可以进行选项的切换。

“*”表示选中，直接编译进内核。

空表示不编译。

“M”表示以模块方式编译，代码编译，但是不会加入最终的内核镜像文件。内核启动后，需要使用 insmod 命令才能使用该驱动。

内核配置完毕后，可以通过单击【Exit】按钮或者按 Esc 键离开内核配置页面。在退出前，系统会提示是否要保存新的配置，如选择“Yes”，离开时会将更新后的配置信息保存到.config 隐藏文件中。

内核配置页面中主要选项的含义如表 7-4 所示。

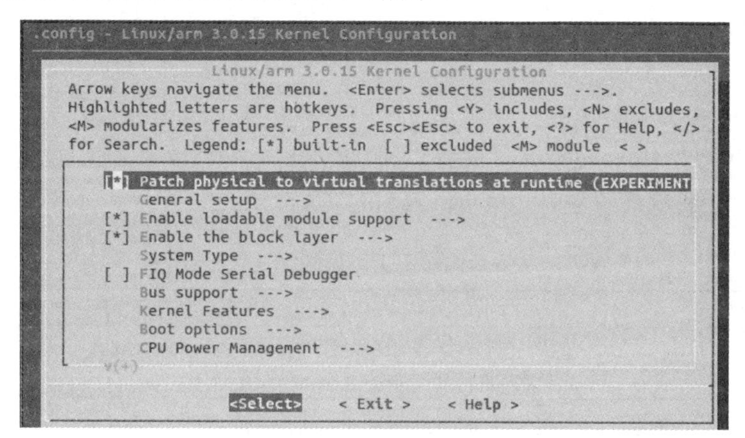

图 7-24 内核配置界面

表 7-4 内核配置页面中主要选项的含义

主要选项	含　义
General setup	通用配置选项，包括交叉编译器前缀、内核压缩模式等
Enable Loadable module support	引导模块支持
System type	处理器类型及特性，包括 ARM 处理器型号及默认的评估板、主板等
Bus support	总线支持选项
Kernel Features	内核设置，包括内核空间分配、实时性配置等
Boot options	启动参数选项
CPU Power management	电源管理选项，包括处理器频率、休眠模式等
Networking options	网络选项，包括 IPv4、IPv6 等网络配置选项，以及红外通信、无线通信、近场通信等
Memory Technology Devices (MTD)	配置内存设备
Plug and Play configuration	即插即用支持
Device drivers	设备驱动选项，包括驱动通用选项、MTD 设备、字符设备、块设备、网络设备及各种总线等外部设备配置
Multiple devices driver support	多设备驱动支持
File systems	文件系统配置选项，包括 Ext2、Ext3、Ext4、JFFS、NFS 等各种文件系统支持选项

2．内核编译

当内核配置完成后，可对配置后的内核进行交叉编译。命令如下。

（1）make clean：删除所有已生成的模块和目标文件。

（2）make dep：建立编译变量的依赖关系。

（3）make zImage：生成压缩的内核镜像文件 zImage，文件存放在.../arch/arm/boot 目录下。

（4）make modules：编译模块。

（5）make modules_install：安装编译好的模块。

7.4.3 在内核中增加驱动模块

在系统的开发过程中，内核配置一旦完成就很少修改，但是如果在系统中增加了驱动模块，一般会在配置系统中增加选项，用户可以通过配置系统将该驱动统一编译到内核镜像中。

在将模块加入内核镜像前，需要先厘清配置系统中几个重要文件的作用和关系，即 make menuconfig 是如何记录配置选项的，Makefile 是如何知道该编译哪些文件的。

Linux 内核配置体系的主要文件和作用如表 7-5 所示。

表 7-5　Linux 内核配置体系的主要文件和作用

主要文件	作　用
顶层 Makefile	总体上控制内核的编译和链接
KConfig	配置菜单选项
.config	配置文件，在配置内核时生成，所有的 makefile 文件会根据.config 的内容来决定编译哪些文件
Arch/$(ARCH)/Makefile	与体系结构相关的 Makefile，决定哪些体系结构相关的文件参与生成内核
Scripts /makefile.*	所有 Makefile 共用的规则和脚本
Kbuild Makefile	各级子目录下的 Makefile，它们被上一层 Makefile 调用以编译当前目录下的文件

命令 make menuconfig 执行时，从 KConfig 读入菜单选项，用户选择后保存到.config 文件，当执行 make 命令进行内核编译时，顶层 Makefile 会调用这个.config 文件获得配置信息。

因此，要想把新的驱动加入内核的源代码中，需要修改 Kconfig 文件，使得 make menuconfig 出现对应的菜单，想要将驱动编译进内核，就需要修改 makefile 文件。

1．Kconfig 语法结构

1）menu 的用法

menu 表示不可选的菜单选项，它包含的子菜单选项在 menu 与 endmenu 之间。

2）config 选项

config 表示可选的菜单选项，语法结构如下：

```
config  菜单选项名称
    菜单选项的属性和选项
```

每个菜单选项都有类型定义，有 bool（布尔型，选项只有两个，y 或 n）、tristate（三态，包括内建、模块、移除)、string（字符串）、hex（十六进制）、int（整数）。

如下面程序中的“bool "Enable RELAY config"”，只有选中（*）或不选中（空）两个选项，如果将 bool 改为 tristate，则多了一个编译为内核模块的选项，对应 make menuconfig 命令中的“*”、空或者“M”。如果选项是编译为内核模块，则在.config 文件中会生成 RELAY_CTL_MODULE=m 的配置，如果选项是“*”，即直接编译为内核镜像，则在.config 文件中会生成 RELAY_CTL_MODULE=y 的配置。

default 表示该选项的默认值。如果为 default y 则表示默认选中。

help 表示帮助信息，一般在“help”关键字下一行开始，并带有缩进。

```
menu "Character devices"
source "drivers/tty/Kconfig"
config DEVMEM
bool "Memory device driver"
default y
......
config RELAY_CTL
        bool "Enable RELAY config"
        default n
        help
          Enable RELAY config
endmenu
```

2．将驱动添加到内核中的方法

在本节中，将 5.5.1 节中提到的虚拟字符设备驱动程序 virtdev.c 添加到内核工程中，在 make menuconfig 配置内核时选中该驱动，步骤如下：

（1）将源文件 virtdev.c 和 virtdev.h 复制到.../driver/char 目录下。

（2）打开.../driver/char 目录下的 Kconfig 文件，在 endmenu 之前添加以下内容：

```
config VIRTDEV_CTL
        bool "Enable virtdev config"
        default n
        help
          Enable virtdev config
```

（3）打开该目录下的 makefile 文件，添加以下内容后保存退出。

```
obj-$(CONFIG_VIRTDEV_CTL)     +=virtdev.o
```

在顶层目录下进行 make menuconfig 内核配置时，会在菜单 Device Drivers→Character devices 选项下出现 Enable virtdev config 选项，如果选择了该选项，当运行 make 命令编译内核时，系统会调用.../driver/char 下的 Makefile 将 virtdev.o 编译到内核中。

7.5 文件系统的移植

文件系统是操作系统的重要组成部分之一，是操作系统在存储介质上存储和检索数据的方法，负责管理文件信息。嵌入式系统中的根文件系统布局与标准的 Linux 文件系统布局没有很大的差别，只是嵌入式系统根据应用复杂程度的不同，可以对系统的目录进行精简。典型嵌入式系统的根文件系统目录如表 7-6 所示。

表 7-6　典型嵌入式系统的根文件系统目录

目　录	内　容
bin	系统命令和工具
dev	系统设备文件
etc	系统初始化脚本和配置文件
lib	系统运行库文件
proc	proc 文件系统
sbin	系统管理员命令和工具
sys	sys 文件系统
tmp	临时文件
usr	用户命令和工具，下分 usr/bin 和 usr/sbin 目录
var	系统运行产生的可变数据
mnt	用于挂载其他设备

要构建一个可用的 Linux 根文件系统，需要的二进制文件和库文件很多，一般使用文件系统制作工具如 BusyBox 来实现，或者参考其他现有可用的文件系统，在其原有基础上按需修改。

7.5.1　文件系统介绍

1．JFFS/JFFS2

JFFS（Journalling Flash File System，闪存设备日志型文件系统）是由瑞典的 Axis Communications AB 公司为嵌入式设备开发的文件系统。

JFFS2 是 JFFS 的后继版本，其功能是管理在 MTD（Memory Technology Device）设备上实现的日志型文件系统。JFFS2 主要用于 NOR 型闪存，优点是可读写、支持数据压缩，并提供崩溃/掉电安全保护和“写平衡”支持等。缺点主要是当文件系统已满或接近已满时，因为垃圾收集的关系，JFFS2 的运行速度将大大放慢。

2．YAFFS/ YAFFS2

YAFFS/YAFFS2（Yet Another Flash File System）是专为嵌入式系统使用 NAND 型闪存而设计的一种日志型文件系统。与 JFFS2 相比，YAFFS/YAFFS2 减少了一些功能（如不支持数据压缩），所以速度更快，挂载时间很短，对内存的占用较小。另外，YAFFS/YAFFS2 还是跨平台的文件系统，除了 Linux 和 eCos 操作系统，还支持 Windows CE、pSOS 和 ThreadX 等操作系统。

YAFFS/YAFFS2 自带 NAND 芯片的驱动，并且为嵌入式系统提供了直接访问文件系统的 API 接口，用户可以不使用 Linux 系统中的 MTD 与 VFS，直接对文件系统操作。当然，YAFFS/YAFFS2 也可与 MTD 驱动程序配合使用。

YAFFS2 和 YAFFS 的主要差异在于页面读写尺寸的大小，YAFFS2 支持 2KB 页面，远高于 YAFFS 的 512 字节。同时，YAFFS2 在内存空间占用、垃圾回收速度、读/写速度等方面均有大幅提升。

3. Ext2/Ext3/Ext4

Ext2 即第二代扩展文件系统，是 Linux 系统内核使用的文件系统，最大可支持 2TB 大小的单一文件，Linux 早期版本使用其作为默认文件系统，具有高效稳定的特性。但 Ext2 是非日志型文件系统，这在关键行业的应用中是一个致命的弱点。

Ext3 是第三代扩展文件系统，主要增加了日志功能且完全兼容 Ext2，当系统使用 Ext3 时，即使在非正常关机的情况下，也不需要检查文件系统，而且恢复 Ext3 的时间只需数十秒，同时能够极大地提高文件系统的完整性，避免非正常关机对文件系统的破坏。此外，虽然存储数据时要进行多次写数据，但 Ext3 对磁盘驱动器的读写头进行了优化，其读写性能并未降低。Ext3 常用于 Linux 操作系统，是很多 Linux 系统发行版本的默认文件系统。

Ext4 是第四代扩展文件系统，是 Ext3 的后继版本，修改了 Ext3 的部分重要数据结构，支持 1EB 的文件系统、16TB 的单一文件，以及无限量的子目录。

4. Cramfs

Cramfs（Compressed ROM File System）是 Linux 系统的创始人 Linus Torvalds 参与开发的一种只读压缩文件系统。

在 Cramfs 中，每一页（4KB）都被单独压缩，可以随机页访问，其压缩比高达 2∶1，为嵌入式系统节省了大量的 Flash 存储空间，使系统可通过更低容量的 Flash 存储器存储相同的文件，从而降低了系统成本。

Cramfs 以压缩的方式存储档案，在运行时解压缩，因此，所有的应用程序被要求复制到 RAM 中运行。但因为 Cramfs 采用分页压缩的方式存放档案，在读取档案时，不会瞬间占用过多的内存空间。Cramfs 只针对目前实际读取的部分分配内存空间，尚未读取的部分不分配内存空间，当读取的档案不在内存时，Cramfs 将自动计算压缩后的档案所存放的位置，再即时将其解压缩到 RAM 中。

另外，Cramfs 的速度快、效率高，其只读的特点有利于保护文件系统免受破坏，提高了系统的可靠性。

由于以上特性，Cramfs 在嵌入式系统中应用广泛。但是它的只读属性又是它的一大缺陷，使得用户无法对其内容进行扩充。

5. Ramfs/tmpfs

Ramfs 是 Linus Torvalds 开发的一种基于内存的文件系统，工作于虚拟文件系统（VFS）层，不能格式化，可以创建多个，在创建时可以指定其最大能使用的内存大小。Ramfs/tmpfs 文件系统把所有的文件都放在 RAM 中，所以读/写操作发生在 RAM 中，可以用 Ramfs /tmpfs 来存储一些临时性或经常要修改的数据，如/tmp 和/var 目录，这样既避免了对 Flash 存储器的读写损耗，也提高了数据读写速度。

Ramfs/tmpfs 的特点是不能格式化，文件系统的大小可随所含文件内容的大小变化。其缺点是当系统重新引导时会丢失所有数据。

6. NFS

NFS（Network File System，网络文件系统）是由Sun开发并发展起来的一项在不同机器、不同操作系统之间通过网络共享文件的技术。在嵌入式 Linux 系统的开发调试阶段，可以利用该技术在主机上建立基于NFS的根文件系统，挂载到嵌入式设备，可以很方便地修改根文件系统的内容。以上讨论的都是基于存储设备的文件系统（Memory-based File System），它们都可用作 Linux 的根文件系统。实际上，Linux 还支持逻辑的或伪文件系统（Logical or Pseudo File System），如 procfs（proc 文件系统），用于获取系统信息，以及devfs（设备文件系统）和 sysfs（系统文件系统），用于维护设备文件。

7.5.2 BusyBox

BusyBox是一个遵循GPL v2协议的开源项目，集成了三百多个最常用Linux命令和工具。BusyBox 包含一些简单的命令，如 ls、cat 和 echo 等，也包含一些更复杂的命令，如grep、find、mount 及 telnet。简单地说，BusyBox 就好像一个大工具箱，它集成压缩了Linux 的许多工具和命令，用户可以根据自己的需要，在 BusyBox 中编辑应用程序，添加、删除某些命令，或增减命令的某些选项。

BusyBox 在编写过程中对文件大小进行了优化，并考虑了系统资源（如内存）有限的情况。与一般的 GNU 工具集动辄几兆字节的体积相比，动态链接的 BusyBox 只有几百千字节，即使采用静态链接也只有1MB左右，因此主要用于嵌入式系统。

在创建根文件系统的时候，如果使用 BusyBox 的话，只需要在/dev 目录下创建必要的设备节点，在/etc 目录下增加一些配置文件即可。当然，如果 BusyBox 使用动态链接，那么还需要在/lib 目录下包含库文件。

7.5.3 嵌入式文件系统的移植

1. 获取BusyBox源代码

从BusyBox的官方网站可下载BusyBox的源代码，以1.32.1版本为例，从官网下载的文件为busybox-1.32.1.tar.bz2。

（1）创建工作目录，在/root 目录下创建工作目录 rootfs。

```
mkdir  rootfs
```

（2）将源代码复制到该目录下并解压，解压后进入 busybox 目录。

```
tar  jxvf  busybox-1.32.1.tar.bz2
cd  busybox-1.32.1
```

2. 利用BusyBox制作相应的目录和工具

（1）配置 BusyBox。BusyBox 的编译配置和 Linux 内核编译配置使用的命令是一样的，下面开始配置BusyBox，使用命令make menuconfig，配置页面如图7-25所示。

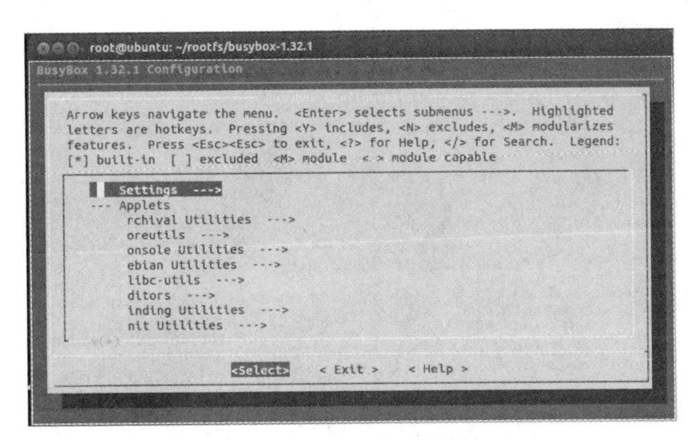

图 7-25 BusyBox 配置页面

（2）选中【Settings】选项，按回车键进入 Settings 界面，选中【Build Options】列表中的【Cross compiler prefix(NEW)】选项，该配置用于指定使用何种编译器来编译 BusyBox，如图 7-26 所示。

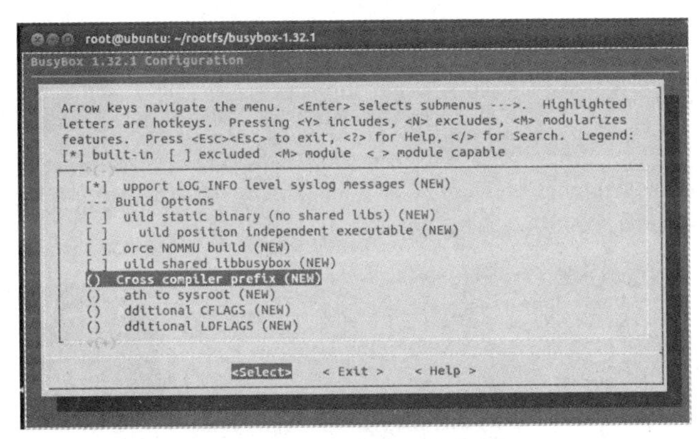

图 7-26 编译器配置界面一

（3）按回车键进入 Cross Compiler prefix 配置界面，输入使用的交叉编译工具 arm-none-linux-gnueabi-，如图 7-27 所示。

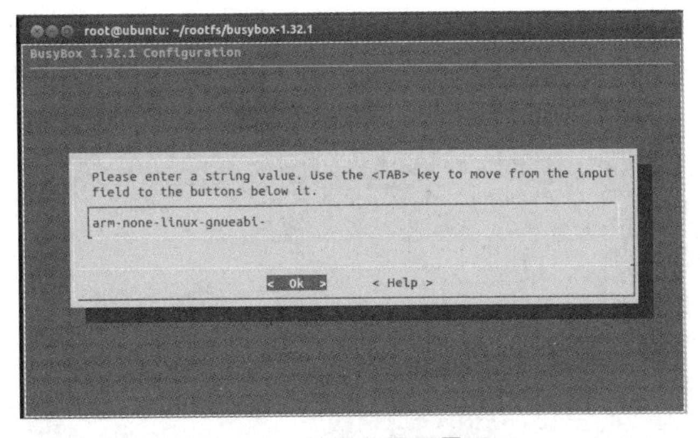

图 7-27 编译器配置界面二

（4）输入完成后按回车键返回到上一级配置界面，这时可以看到刚才设置的交叉编译工具，如图 7-28 所示。

```
root@ubuntu: ~/rootfs/busybox-1.32.1
BusyBox 1.32.1 Configuration

Arrow keys navigate the menu.  <Enter> selects submenus --->.  Highlighted
letters are hotkeys.  Pressing <Y> includes, <N> excludes, <M> modularizes
features.  Press <Esc><Esc> to exit, <?> for Help, </> for Search.  Legend:
[*] built-in  [ ] excluded  <M> module  < > module capable

--- Build Options
[ ]  uild static binary (no shared libs) (NEW)
[ ]    uild position independent executable (NEW)
[ ]  orce NOMMU build (NEW)
[ ]  uild shared libbusybox (NEW)
(arm-none-linux-gnueabi-) Cross compiler prefix
()   ath to sysroot (NEW)
()   dditional CFLAGS (NEW)
()   dditional LDFLAGS (NEW)
()   dditional LDLIBS (NEW)

<Select>    < Exit >    < Help >
```

图 7-28　编译器配置界面三

（5）在同一级菜单向下查找，选中【Installation Options】列表中的【Destination path for 'make install'(NEW)】选项，如图 7-29 所示。然后按回车键，进入 Installation Options 配置界面。

```
root@ubuntu: ~/rootfs/busybox-1.32.1
BusyBox 1.32.1 Configuration

Arrow keys navigate the menu.  <Enter> selects submenus --->.  Highlighted
letters are hotkeys.  Pressing <Y> includes, <N> excludes, <M> modularizes
features.  Press <Esc><Esc> to exit, <?> for Help, </> for Search.  Legend:
[*] built-in  [ ] excluded  <M> module  < > module capable

()   ath to sysroot (NEW)
()   dditional CFLAGS (NEW)
()   dditional LDFLAGS (NEW)
()   dditional LDLIBS (NEW)
[ ]  void using GCC-specific code constructs (NEW)
[*]  se -mpreferred-stack-boundary=2 on i386 arch (NEW)
--- Installation Options ("make install" behavior)
       hat kind of applet links to install (as soft-links)  --->
(./_install) Destination path for 'make install' (NEW)
--- Debugging Options

<Select>    < Exit >    < Help >
```

图 7-29　安装目录配置界面一

（6）在 Installation Options 配置界面可以指定编译完 BusyBox 后，把最终生成的二进制文件安装到哪个目录下，默认为当前目录下的_install 目录，如果不修改默认选项，则编译完成后生成的二进制文件会保存在_install 目录，这里按回车键进入配置界面，将默认的./_install 改为../systemfs，如图 7-30 所示，选择【ok】选项保存后退出。

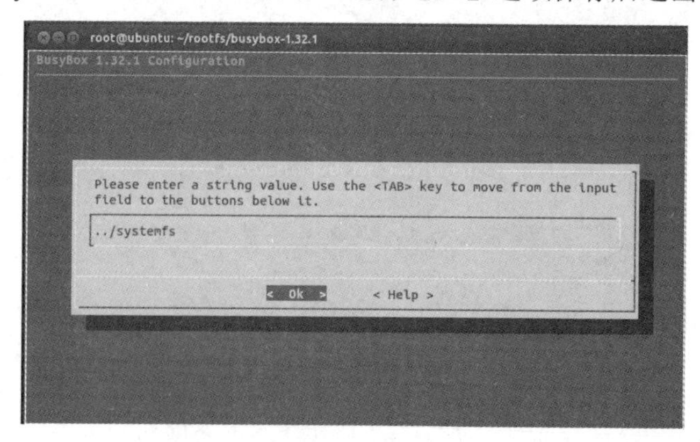

图 7-30　安装目录配置界面二

（7）之后一直选择【Exit】选项，直到弹出保存配置界面，使用键盘上向右的方向键，移动光标到【Yes】选项，如图 7-31 所示。然后按回车键保存配置，退出配置界面。

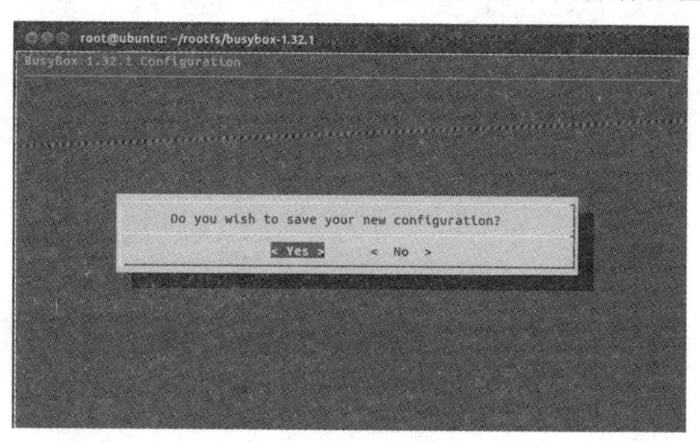

图 7-31　保存配置界面

（8）BusyBox 的配置完成后，开始编译 BusyBox，在终端输入 make 命令开始编译，编译效果如图 7-32 所示。

```
root@ubuntu: ~/rootfs/busybox-1.32.1
  CC      util-linux/volume_id/ntfs.o
  CC      util-linux/volume_id/ocfs2.o
  CC      util-linux/volume_id/reiserfs.o
  CC      util-linux/volume_id/romfs.o
  CC      util-linux/volume_id/squashfs.o
  CC      util-linux/volume_id/sysv.o
  CC      util-linux/volume_id/ubifs.o
  CC      util-linux/volume_id/udf.o
  CC      util-linux/volume_id/util.o
  CC      util-linux/volume_id/volume_id.o
  CC      util-linux/volume_id/xfs.o
  AR      util-linux/volume_id/lib.a
  LINK    busybox_unstripped
Trying libraries: crypt m resolv rt
 Library crypt is not needed, excluding it
 Library m is needed, can't exclude it (yet)
 Library resolv is needed, can't exclude it (yet)
 Library rt is needed, can't exclude it (yet)
Final link with: m resolv rt
  DOC     busybox.pod
  DOC     BusyBox.txt
  DOC     busybox.1
  DOC     BusyBox.html
root@ubuntu:~/rootfs/busybox-1.32.1#
```

图 7-32　BusyBox 的编译效果

（9）安装 BusyBox，输入以下命令：

```
make  install
```

（10）退出到 rootfs 目录，可以看到该目录下多了 systemfs 目录，进入该目录，可以看到该目录下生成了 bin、linuxrc、sbin、usr 目录，如图 7-33 所示。

```
root@ubuntu: ~/rootfs/systemfs
  ../systemfs//usr/sbin/setlogcons -> ../../bin/busybox
  ../systemfs//usr/sbin/svlogd -> ../../bin/busybox
  ../systemfs//usr/sbin/telnetd -> ../../bin/busybox
  ../systemfs//usr/sbin/tftpd -> ../../bin/busybox
  ../systemfs//usr/sbin/ubiattach -> ../../bin/busybox
  ../systemfs//usr/sbin/ubidetach -> ../../bin/busybox
  ../systemfs//usr/sbin/ubimkvol -> ../../bin/busybox
  ../systemfs//usr/sbin/ubirename -> ../../bin/busybox
  ../systemfs//usr/sbin/ubirmvol -> ../../bin/busybox
  ../systemfs//usr/sbin/ubirsvol -> ../../bin/busybox
  ../systemfs//usr/sbin/ubiupdatevol -> ../../bin/busybox
  ../systemfs//usr/sbin/udhcpd -> ../../bin/busybox

--------------------------------------------------
You will probably need to make your busybox binary
setuid root to ensure all configured applets will
work properly.
--------------------------------------------------

root@ubuntu:~/rootfs/busybox-1.32.1# cd ../systemfs/
root@ubuntu:~/rootfs/systemfs# ls
bin  linuxrc  sbin  usr
root@ubuntu:~/rootfs/systemfs#
```

图 7-33　BusyBox 安装目录图

3．制作其他根文件系统目录

（1）制作根文件系统目录，创建根文件系统中的其他目录，依次执行以下命令：

```
mkdir dev etc lib proc root sys
mkdir  mnt tmp  var
chmod  1777 tmp
mkdir  mnt/etc  mnt/jiffs2  mnt/yaffs  mnt/udisk  mnt/sdcard  mnt/nfs
mkdir  etc/init.d
```

即可在当前目录下创建 dev、etc、lib、sys 等目录，如图 7-34 所示。

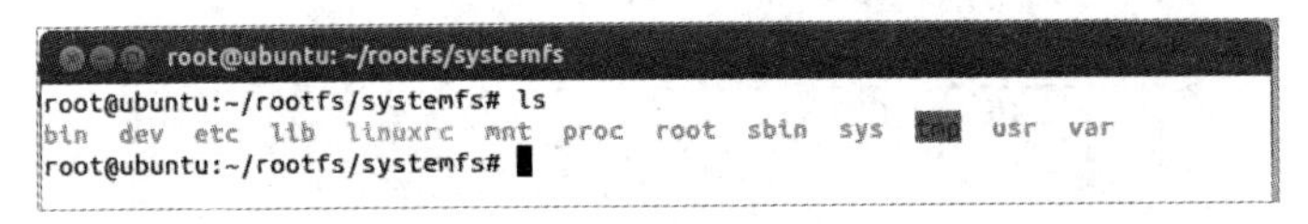

图 7-34　创建其他目录

（2）复制所需的库文件，从交叉编译器安装目录下复制相应的库文件到文件系统 lib 目录下，命令如下，效果如图 7-35 所示。

```
cp  /usr/local/arm/arm-2009q3/arm-none-linux-gnueabi/libc/lib/*  ./lib
```

```
root@ubuntu: ~/rootfs/systemfs
root@ubuntu:~/rootfs/systemfs# ls lib
ld-2.10.1.so                 libgcc_s.so.1               libnss_nisplus-2.10.1.so
ld-linux.so.3                libm-2.10.1.so              libnss_nisplus.so.2
libanl-2.10.1.so             libmemusage.so              libnss_nis.so.2
libanl.so.1                  libm.so.6                   libpcprofile.so
libBrokenLocale-2.10.1.so    libnsl-2.10.1.so            libpthread-2.10.1.so
libBrokenLocale.so.1         libnsl.so.1                 libpthread.so.0
libc-2.10.1.so               libnss_compat-2.10.1.so     libresolv-2.10.1.so
libcidn-2.10.1.so            libnss_compat.so.2          libresolv.so.2
libcidn.so.1                 libnss_dns-2.10.1.so        librt-2.10.1.so
libcrypt-2.10.1.so           libnss_dns.so.2             librt.so.1
libcrypt.so.1                libnss_files-2.10.1.so      libSegFault.so
libc.so.6                    libnss_files.so.2           libthread_db-1.0.so
libdl-2.10.1.so              libnss_hesiod-2.10.1.so     libthread_db.so.1
libdl.so.2                   libnss_hesiod.so.2          libutil-2.10.1.so
libgcc_s.so                  libnss_nis-2.10.1.so        libutil.so.1
root@ubuntu:~/rootfs/systemfs#
```

图 7-35　复制库文件

（3）创建 etc 目录下的 inittab 文件，输入以下命令：

```
vim  etc/inittab
```

在文件中输入以下内容：

```
::sysinit:/etc/init.d/rcS
::respawn:-/bin/sh
::askfirst:-/bin/sh
::restart:/sbin/init
::ctrlaltdel:/sbin/reboot
::shutdown:/sbin/swapoff  -a
::shutdown:/sbin/umount  -a  -r
```

（4）创建 etc 目录下的 fstab 文件，输入以下命令：

```
vim  etc/fstab
```

在文件中输入以下内容：

```
none    /dev/pts    devpts  mode=0622    0    0
```

```
tmpfs    /dev/shm    tmpfs    defaults    0    0
none     /dev        ramfs    defaults    0    0
none     /proc       proc     defaults    0    0
tmpfs    /tmp        tmpfs    defaults    0    0
sysfs    /sys        sysfs    defaults    0    0
```

（5）创建 etc 目录下的 passwd 文件，输入以下命令：

```
vim  etc/passwd
```

在文件中输入以下内容：

```
root::0:0:root:/:/bin/sh
bin:*:1:1:bin:/bin:
daemon:*:2:2:daemon:/sbin:
nonbody:*:99:99:Nobody:/:
```

（6）创建 etc 目录下的 profile 文件，输入以下命令：

```
vim  etc/profile
```

在文件中输入以下内容：

```
#!/bin/sh
export HOSTNAME="`hostname`"
export USR="`id -un`"
export HOME=/
export PS1="[$USR@$HOSTNAME \W]\#"

LD_LIBRARY_PATH=/lib:/usr/lib:/$LD_LIBRARY_PATH
export LD_LIBRARY_PATH
```

（7）创建 etc/init.d 目录下的 rcS 文件，输入以下命令：

```
vim  etc/init.d/rcS
```

在文件中输入以下内容：

```
#!/bin/sh
PATH=/bin:/sbin:/usr/sbin:/usr/bin:/usr/local/bin
runlevel=S
prevlevel=N
export PATH runlevel prevlevel

umask 022
hostname  xit4412

mkdir -p /dev/pts
mkdir -p /dev/shm

mount -n -t ramfs ramfs /var
mount -n -t ramfs ramfs /tmp

mkdir /var/tmp
mkdir /var/modules
```

```
mkdir /var/run
mkdir /var/log
mkdir /var/lib
mkdir /var/lock

/bin/mount -a

echo /sbin/mdev >/proc/sys/kernel/hotplug
mdev -s
/usr/sbin/inetd
echo "starting network......"
/sbin/ifconfig eth0 down
/sbin/ifconfig eth0 hw ether 08:90:90:90:90:90
/sbin/ifconfig eth0 192.168.1.230 netmask 255.255.255.0 up
/sbin/route add default gw 192.168.1.1

echo "/etc/init.d/rcS Done"
```

4．制作根文件系统镜像

退出到上级目录 rootfs，然后输入以下命令，即可生成 systemfs.img 文件系统镜像。

```
make_ext4fs -s -l 314572800 -a root -L linux systemfs.img systemfs
```

至此，根文件系统镜像制作完毕，将其烧写到开发板上面，效果如图 7-36 所示。

```
COM9
[    6.549324] FIMC3 registered successfully
[    6.553151] S5P TVOUT Driver v3.0 (c) 2010 Samsung Electronics
[    6.604767] EXT4-fs (mmcblk0p2): mounted filesystem with ordered data mode. Opts: (null)
[    6.611446] VFS: Mounted root (ext4 filesystem) on device 179:2.
[    6.617633] Freeing init memory: 220K
starting network......
[    6.973380] [dm96] Set mac addr 08:90:90:90:90:90
[    6.976697] [dm96] [08] [90] [90] [90] [90] [90]
[    6.985714] dm9620 1-3.2:1.0: eth0: link down
[    6.992828] link_reset() speed: 10 duplex: 0
[    6.996663] ADDRCONF(NETDEV_UP): eth0: link is not ready
/etc/init.d/rcS Done

Please press Enter to activate this console. [    7.758590] android_work: sent uevent USB_STATE=
DISCONNECTED

[root@xit4412 ~]#[   12.544875] CPU1: shutdown

[root@xit4412 ~]#
```

图 7-36　根文件系统镜像烧写效果

7.6 习题

1．内核编译时选项前的“<>”中可以是空、“*”、M，其中“*”表示（　　）。

A．该选项将编译为模块　　B．不编译该选项

C．将该选项编译到内核　　D．以上都不是

2．将 ledtest 通过串口下载到开发板的操作为（　　）。

A．chmod +x ledtest　　B．lrz

C．chmod -x ledtest　　D．fastboot

3．实验开发板更新系统时，“fastboot flash kernel zImage”命令更新的是（　　）。

A．BootLoader　　B．操作系统内核

C．根文件系统　　D．Qt 程序

4．进行 Linux 内核移植时，一般采用以下何种命令进行配置？（　　）。

A．make clean　　B．make zImage

C．make install　　D．make menuconfig

参考文献

[1] 王珊，萨师煊. 数据库系统概论[M]. 5 版. 北京：高等教育出版社，2014.

[2] 陆慧娟，徐展翼，高志刚，等. 嵌入式数据库原理与应用[M]. 北京：清华大学出版社，2013.

[3] 文全刚. 嵌入式 Linux 操作系统原理与应用[M]. 2 版. 北京：北京航空航天大学出版社，2014.

[4] 郦哲松，李萌，邢东洋. ARM Linux 嵌入式网络控制系统[M]. 北京：北京航空航天大学出版社，2012.

[5] 张石. ARM Cortex-A9 嵌入式技术教程[M]. 北京：机械工业出版社，2018.

反侵权盗版声明